纪念中国气象学会百年气象科普文集

中国气象学会 ◎ 编

100

气象出版社
China Meteorological Press

图书在版编目（CIP）数据

纪念中国气象学会百年气象科普文集 / 中国气象学会编. -- 北京 : 气象出版社, 2024. 11. -- ISBN 978-7-5029-8335-2

Ⅰ. P4-53

中国国家版本馆 CIP 数据核字第 2024NL0251 号

纪念中国气象学会百年气象科普文集

Jinian Zhongguo Qixiang Xuehui Bainian Qixiang Kepu Wenji

中国气象学会 编

出版发行：气象出版社

地　　址：北京市海淀区中关村南大街46号　　邮政编码：100081

电　　话：010-68407112（总编室）　010-68408042（发行部）

网　　址：http://www.qxcbs.com　　E-mail：qxcbs@cma.gov.cn

责任编辑：殷　淼　胡育峰　　终　　审：张　斌

责任校对：张硕杰　　责任技编：赵相宁

设　　计：北京追韵文化发展有限公司

印　　刷：三河市君旺印务有限公司

开　　本：889 mm × 1194 mm 1/16　　印　　张：15.5

字　　数：298千字

版　　次：2024年11月第1版　　印　　次：2024年11月第1次印刷

定　　价：100.00元

前　言

1924 年 10 月 10 日，是中国气象学会成立的日子。

斯时，第一次世界大战终结未久，国际格局正处在深刻而宏大的变化之中，华夏大地上，也正翻卷着历史转折点的浩荡风云。亦是斯时，有那么一群怀揣科学救国、科学强国梦想的人，彼此召唤，同气连声，排除种种困难，会聚在了青岛这座美丽而历尽近代沧桑的海滨城市。在曾经被外国人控制、好不容易才收归到中国人手中的青岛测候所，这群人，这群中国气象学家，筹建了我国最早的自然科学学会之一——中国气象学会。

中国气象学会自成立以来，坚定秉持着“谋气象学术之进步与测候事业之发展”的建会宗旨，以“建立、建设中国人自己的气象事业”的民族精神，以“尊重、遵循科学发展的必然规律”的学术精神，以长达一百年不屈服不松懈于动荡、苦难、曲折的执着追求，铸造了跨越两个世纪的气象科技桥梁，在这桥梁上，时而艰难时而稳健，但从未停止、永远向前的，是中国气象工作者面向未来、谋求发展、坚持创新的步伐。几代气象领域的中国科学家、科技工作者一起走在这座路程漫长的桥梁上，为了达到科学真理的彼岸，付出了宝贵的年华与全部的智慧。

100 年来，尤其是中华人民共和国成立后的 75 年来，中国气象学会始终在锲而不舍地努力着，为中国气象工作者托起一个温暖可靠的精神家园。通过广泛而扎实的工作，学会在推动中华民族气象事业、促进现代气象科技进步、助力气象科技人才成长、推进国际和港澳台合作交流等方面，都做出了重要贡献。各个岗位上的气象工作者不断取得的成就，亦与学会的持续成长、发展壮大相互辉映，相得益彰。

在新形势下，中国气象学会正按照习近平总书记关于为科技工作者服务、为创新驱动发展服务、为提高全民科学素质服务、为党和政府科学决策服务的职责定位，持续推动学会治理体系和治理能力现代化，团结动员广大气象科技工作者深入参与，开拓创新，继续为实现气象高质量发展战略目标贡献自身的力量。

值此百年纪念，更应回首来时。为了庆祝中国气象学会的百年诞辰，并鼓励提升气象科技成果转化效果，学会特于 2024 年 5 月至 8 月发起了“百年气象科普论文”收集活动。收集对象为学会历任理事长 / 副理事长、院士（学会理事、会员、学科委员会任职等）发表的气象科普论文，以及上述人员推荐的科普文章或其所推荐的专家撰写的科普文章。收集渠道为《中国气象报》《气象知识》和中国知网等电子和纸质报刊杂志，收集范围为 1924—2024 年发表的气象科普论文。论文通过线下方式或网络方式收集，经中国气象学会百年纪念委员会审定，最终确认入选。

所有入选论文编成《纪念中国气象学会百年气象科普文集》一书，作为中国气象学会百年纪念活动的一个重要组成部分，由气象出版社出版发行，以飨读者。

目 录

十年来气象学之进步

竺可桢

今天是气象学会第十届的年会，本应该在去年秋季开的，但因为要和第二届气象会议开在一起，所以迟延到于今。十年的时期并不能算很长久，但气象学在此期间已有了长足的进步。重要的发展是在下列的四方面上：（一）高空的组织，（二）极面学说的发扬推广，（三）长期预告的发展，（四）气团分析方法的应用。

高空的组织

在十九世纪的末叶，法国德山郎特包发现空中气温并非一直向上递减，到了相当高度，气温递减即行停止。最初德氏名此上层高空为同温层，而下层高空则称对流层（Troposphere），后来晓得上层高空的温度并非绝对相等，所以又改称平流层（Stratosphere）。平流层离地面的高度，在欧洲从九千米到十二千米，我国长江流域从十二千米到十六千米，赤道上面则高至十七八千米。平流屋的温度在零下五十到八十摄氏度。

十二三年以前气象学家统尚相信空中的气体分配，是依照达尔东公式的，重浊者下沉，清轻者上浮，所以一直到最近气象学教科书中，统说离地面四十千米的高空，只有氢气而无氮氧等气体。到了一九二二，英国林德曼和度白生发表了《以流星推测高空之气温与密度》一文，断定离地面六十千米的高空气温达三十摄氏度左右，简直和地面炎夏时一样暑热，把从前高空气温结构的理想打破了，并且从此也可以了解从前所不能帮助的一桩事。二十世纪初叶从炮火声浪的传达，发现了无声带的存在。往往远地可闻炮声，而近地反而听不到。

一直到一九三四年年间，英国、挪威均会试验证明这无声带的存在。这又表示高空气温甚高，可以把远处声浪反射到地面来，而证明林德曼和度白生的理论。

林德曼和度白生不但指出高空气温之高，而且说明其所以然。他们以为在海拔三四十千米的高空中，臭氧的成分比较多，臭养能吸收日光幅射中的紫外光线，因而增进空气的温度。此说理由的正确虽已为一般气象学家所公认，但日光紫外线为量不多，收吸而后恐尚不足以扫除高空之寒气。八十千米以上高空的状况，可用极光的光带作为研究的资料。极光中大多数的光带，是由于氮气。只有绿色的光带为昔人所不能断定，到了一九二五年，才由马克伦证明是单原子的氧气所成。极光的高度可自八十千米直到八百千米，但将极光光带的分析，可以断定高空没有氢气和氦气的存在。一直到空气的极限，它的成分仍是氧气和氮气为大宗。

极面①学说的发扬和推广

极面学说是欧战末期挪威气象学家白衮克银父子所创立的，这个学说的重要点，最初发表于小白衮克银所著的两篇文章里。第一篇是一九一八年出版的《风暴的结构》，第二篇是一九二二年出版的《风暴之循环及极面学说》，所以在一九二二年极面学说已经是规模粗具了。近十年来可称是极面学说发扬开拓时期。应用方面由欧洲推广至北美洲与亚洲，理论方面也有若干的修正与增加。如一九二六年德国司徒威证明冷面有滑上面与滑下面的分别。冷面的结构经英国吉勃莱的研究而愈明晰。一九三〇年白衮克银氏发现垂死的风暴，其上端热空气虽被冷气流所包围，而锢囚线可由风暴的后面袭来成一副极面，使风暴复活，这种形势称为突围锢囚（Bent back Occlusion），能降大量的雨水。风暴之生成和分解，其种种步骤，虽尚不能完全了解，但最近数年来经挪威的彼得尔生和贝吉龙的研究，也有显著的进步。

① 极面：即锋面，下同。

长期预告的发展

长期预告若能精确，给与人生的利益极大，譬如长江流域一九三一年的水灾和一九三四年的旱灾，若于六个月或是三个月以前能预先知道，农夫和水利工程家就可早期预备，若成为灾荒，也不至于过去这样严重。用行星的位置或是动植物的行动变化来预告水旱是完全不可靠的。目前气象学家根据长期预告的方法，不外乎两种，一是用周期法，二是用相关系数法。周期法的种类亦很多，最著的是三十五年周期、十九年周期和十一年周期。其中三十五年周期和十一年周期统与日中黑子有关，但雨量和温度的退期极为复杂，没有像日中黑子周期那么简单。据日本矢崎的研究，日本的旱灾在十九世纪见于日中黑子最多的年份，到了二十世纪又见于日中黑子最少的年份，这样捉摸不定，难以作为确实的根据。所以近十年来气象学上长期预告的进展，在于相关系数方面。就是依据过去某地方的雨量或温度，和三个月或六个月以前其他地方天气的关系，然后选择关系最密切的，来做预告的样本。用这方法年代必须长久，短期的相关系数，是不可靠的。对于近年研究长期预告最有贡献的，要算前印度气象局局长华克。他在全球上选出了三十二个活动中心，把各中心每季的雨量温度和气压历年的变迁，和其他各活动中心同时前一二季的和后一二季的雨量、温度和气压均做成相关系数。用这个方法，他发现了世界有三个独特的天气枢纽，每个枢纽和所属各地的天气是有连带关系的。这三个枢纽即是北太平洋枢纽、北大西洋枢纽和南方枢纽。但北太平洋沿岸各地如我国的天气未必属于北太平洋枢纽，这分配很复杂，须用图表才能表示出来。

气团分析方法的应用

欧战（1914—1918 年）以后，极面学说虽已风行于一时，但在天气图上预告的根据，还是要依赖低气压和高气压的分布。这种方法是以经验作为背景，但往往地面上同一种气压的分配，而未来的天气有晴雨的不同，因此，天气预告常有失政。到了一九二六年挪威气象学家贝吉龙发表了他“气团分析”的杰作，天气未来的变动，乃可以理性来解释，而不必全赖于经验了。所谓极面乃是寒热不同两种气流相遇而成的，这两种气流相接触，热者轻而上升，冷者重而下沉，因而造成风云雷雨，一直等到热空气尽浮在上面，冷空气尽沉在底下，空气回复平衡状态的时候，风暴即行消灭。所以要晓得什么地方将有风暴，之要调查什么地方有冷暖二气流将有接触的机位即行。这理论虽很简单，而实行起来却有困难，因为热气流从赤道附近来的，冷气流是两极附近来的，当这种气流到温带里，因为受了地面的影响，面目已非故我。从北方吹来的未必一定是北极气流，温度高的也未必一定是热带气流。所以单从地面上的风向温度等观测，并不能断定哪是赤道气流，哪是两极气流，一定要到一千米以上，从温度湿度的观测，才能决定。这样一来单靠地面的观测是不行的，一定还须用飞机或气球、风筝来探测高空的状况。所以近年来英、德、挪威的气象台每日均派飞机上升以测高空的状况。美国在一九三三年尚只有一二支飞机专门探测高空，到了一九三五年就增加至二十余只。天气图的形式近数年来也大改变了样子，而天气预告，尤其是短期预告，比前进步多了。

一九三五年四月七日在第十届气象学会年会演讲，原稿已加修改。

选自《气象学报》，1935 年第 1 期

我国的水灾可以避免吗

涂长望

一九三一年大水所赐与人民的空前浩劫至今尚未恢复，而今年各省之告水患者又如雪片飞来！遭水灾的区域几乎遍全国，而受害最严重的省份有湘、鄂、皖、鲁。鄂西北沿襄江、长江及鲁西诸县水灾之严重竟超过二十年所罕见之大水！生命之伤失以千万计，而财产田禾之损失当不止亿万元！在这个短短的四年当中竟发生两次的空前大水，因此一班人对于水灾这个问题非常注意。近两月中各大小报及专门杂志对于水灾问题的讨论非常紧张。大多数人的意见以为近几年的水灾是人为的，而不是天灾。因此，他们主张修水利就可以根本解决这个水灾问题。不错，深掘河身、加强限防、广置水闸，福植森林，无疑意地可消除大部分的水患和减轻水患严重的影响。可是，是否水利整理好了就可完全消除水患的威胁呢？要解答这个问题，我们还得平心静气来讨论，用事实来做最后的裁判。

我国幅员广大，各区域的地理及气象环境不必尽同，为便利于讨论起见现暂分至国为南北两区；淮河以北为华北，以南为华南。

华北的水灾是可以避免的吗？

华北水灾的中心问题一方面固为水利失修，他方面则：(1) 雨水分配不匀；(2) 雨量的变率太大；(3) 黄土质松易于冲刷。一个河流河身的大小、多少是与其历年来的平均雨量成比例的，若果某一年的雨量超过平均雨量数倍，那么水患就难免了。

雨水分配不匀。华北平原区域的每年平均雨量在五百与七百公厘[①]之间，西部丘岭区如渭河流域之终南山每年平均雨量当不止此数，大约在一千五百与二千公厘之间。单以每年的雨量论，华北以不应有水患之虞。不过若果这些雨水降在一个短时间内，那么水患就不可免了。华北水灾的酿成，一部分就是因为雨水分配不匀而太集中于夏季三个月。华北雨量分配的不匀，可拿北平的雨量来作代表。北平全年平均雨量为六三七公厘，夏季三个月的雨量，却占了全年的百分之七十七。愈到内地大陆气候性愈显著，甘陕一带，夏季雨量，恐怕要占至年百分之八十强。这种分配在少雨的平原尚不要紧，可是在多雨水的高山如秦岭山脉则事关重大。黄河的水量大部分是渭河供给的，黄河之泛滥或干涸，大部以渭河泾河之流量为断。而渭河水量的供给则以秦岭雨量之多寡为断。假设秦岭年平均的雨量为一千五百公厘（秦岭至今无雨站），若以夏季所占为百分之八十计算，那么夏季的雨量为一千二百公厘。这个数目就大得可观了，很足以酿成严重的水灾。

华北雨量变率太大。北平雨量的平均变率大至百分之三十二，换句话说，北平每年的雨量相差二三百公厘是极平凡的事。在关关系重大的夏季这种变率当更大了。在雨水多的年头夏季三月的雨量竟可超过一年的平均雨量！长江流域的雨量的合华北的二倍，而夏季雨量之超过八百公厘的尚不如北下之多。

一八八〇至一九三三年各地之夏季最高雨量见表 1。

表 1　一八八〇至一九三三年各地之夏季最高雨量

地名	超过七百公厘者	超过八百公厘者
北平	九次	五次
澳门	九次	三次
徐家汇	二次	〇次

① 公厘：即毫米，下同。

在多雨的秦岭山脉，夏季雨水的变动恐怕还要超过北平呢！雨水的不调就是华北的致命伤。

华北黄土质松易于冲刷。华北的雨水如此的集中在夏季已足成灾，何况黄河流域的黄土质松易于冲刷。黄河在山陕境内时坡度甚大，一入河南山东平原坡度忽然锐减。是以每逢大雨倾盆黄河之水夹带百分之五十以上之泥沙，奔腾澎湃，一泻千里，势如飞马。

一旦入平原，突受淤塞，而致泛滥。加高堤身固足以范水于露有之河道，然黄河所带之泥土，建筑河脉之速，亦不亚于人力之加高堤身。是以黄河之河脉终高于四周平原，因此黄河之篇灾在最近的将来，终不可免。

从上面的事实看来，勤修华北水利固足以消除华北大部之水灾。然是否能完全消弭水患尚属疑问。美国东部雨量的变率不如华北之大，而水利之设备则较华北完备万倍，然密西西比河亦时告泛滥，在最近三十年内，竟酿成五次大水灾之多。一九二七年之大水尤为惊心触目，财产之损失达三万万元美元，受灾之严重亦不亚于黄河长江雨流域。其他各地局部之水淡则更不胜计。即以本年夏季论，世界水利较兴之國家，水灾的就计亦甚可糊：如日本水灾奇重，生命财产损失不资。七月美国东部纽约州大水成灾，迄至七月十三日，水灾损失之统计巳达二千五百万美元。从上面所列举的事实看来，水患是不可避免的天灾，不过在不修水利的我国，水灾的次数特别多，所受的损失因防务之不周，救济之不得法而特别严重罢了！

华南的水灾是可以避免的吗？

长江流域的平均雨量年在一千公厘左右，西江流域年在一千二百公厘以上。同时华南雨量分配亦较匀，平均而论，夏季雨量只占百分之五十。平均变率亦多在百分之十五左右。单以长江西江流域平地雨量之总量、分配及变率来看，似乎不应该酿成最重的水灾。不过，华南水患之中心问题在于雨量烈度之过强，高山雨量之过多，及供给雨水之面积太广。

华南的雨最大抵系低气压及台风所赐。每逢强烈低气压或台风过境时，大雨数日，不一间断，三数日之内，可得雨量至三百公厘（见表 2），二十四小时之内，竟可得雨量至二百公厘（见表 3）。

表 2　一九三一年七月二十一日至二十五日各地之风暴雨量

地名	雨量（公厘）	地名	雨量（公厘）
九江	126.3	南通	265.5
安庆	292.9	吴县	223.8
南京	230.6	上海	107.3
镇江	241.7	嘉兴	151.6

表 3　各地二十四小时内之最高记录

地名	雨量（公厘）	地名	雨量（公厘）
北海	355.9	重庆	207.5
香港	534.0	汕头	252.5
福州	233.3	厦门	233.4
三水	169.7	龙州	103.4
徐家汇	199.9	汉口	221.0
宜昌	235.0	南京	198.5

一九三一年的大水，缘于长江下流七月份低气压特多，所降之雨特强而集中，因之长江不及排洩而酿成空前的水灾。今年长江上游的大水也是同一原因。据宜昌海关的报告，七月三日至八日，五日内所降雨量竟超过九六〇公厘！前面已讲过河身之大小与历年来平均雨量多少成比例，今长江上游五天内的雨量，几超过一年的雨量！在这种天气极端变幻之下，修水利亦安能消除水灾乎？

高山雨量特别丰富是致水患的另一原因。长江上游峨嵋山一年中（一九三二年八月至一九三三年七月）的雨量达七六〇九公厘，竟占世界雨量最多之第三位！长江流域的高山峻端之如峨嵋的，也不在少數。若果四川西康、西藏青海诸大山脉的雨量均与峨嵋山相仿，那么长江西江的水患恐终究成为一个极严重的问题。黄河今年之水灾亦系秦岭雨量过多所酿成。

此外，供给黄河长江西江雨水的面积又太大了。一个小区域雨量增加虽小，若以整个流域计算，则增加的水量就很可观了。假定供给长江水量的面积为一百万方公里，夏季平均雨量的增加为九十千米，那么长江水量的增加应三千万立方米。因此，供给水量的面积愈大，一个河流就愈易于成灾。

根据上面所举的气象事宜和美国水灾的例子，我们的结论是：华北及华南的水灾一部分是不可避免的，并不如一般人所讲，近来的天灾完全是人工造成的。

预防水旱之新途径

作者撰此文的目的，并不是想用气象的事实来证实水患是不可避免的天灾，借以解说治水不力的责任；也不是叫我国人民和政府听天由命去放弃治水的计划。现在我们既然知道了一部分的水患是不可避免的，那么就得想方法来对付这种天灾，如何来减轻因天灾所受的生命财产的损失。美国的密西西比河在过去的三十年中虽有过五次的大水灾，可是直接被水所淹死的，不过二一四人。在我国则不然，局部的小水灾，死的人总以千计，黄河、长江的大水，牺牲的人总以十万计。由比可见我国防灾的不力了。普通一般人以为修水利是防御水患的唯一办法，其实在水利之外，还有两种极易于实现的方法，一为长期预报天气，一为先期预告水文。

长期预告天气

一个区域的天气，与附近高低气压的活动中心是有密切关系的，譬如日本海的高气压足以控制长江流城的雨水。高气压南移过早，则华东主旱，过迟则主水。而日本海高气压南下之迟早，又受制于白令海及东部西伯利亚冬春的气温。此地冬春的气温过高，解冻早，塞流南下早，因之高气压南下亦早于平时。反之，则高气压南下迟于平时。然白令海及东北西伯利亚春冬气温之高下，又多少与大气运行之强弱、日斑之活跃发生关系。利用这一类天气前后相关的事实，用统计的方法，可以算出各处的相关系数。然后应用相关系数之大者于长期预告。世界各农业国家，对于长期预告天气非常重视，从事于是项研究最久而享惠实深的，首推印度。印度年岁丰歉，全视夏季风雨量之多寡而定，而季风雨量之多寡则视季风之强弱为断。因之印度气象学家对于季风强弱之预先报告，视为重大工作。经数十年之研究及经验，长期预告印度雨季各区之雨量，成绩斐然。近来印度长期预告之准确性竟达百分七十以上。其他各国之步印度后尘的亦不在少数。近邻日本亦利用北海道春季之温度来预断三月后之米粮产额。我国幅员广大，气象环境复杂，测候站既少而纪录又不长久，欲效印度之长期预告各区之雨量，事所难能。可是，也并不是绝对不可能的。作者曾做过了关于这类的研究工作，因其为初步研究，结果虽不十分满意，然亦可应于六月或三月前水旱之预测。现中央研究院气象研究所正从事是项研究，以求增加预测之準确程度，以便将水施之应用。若能于六月或三月前预告水旱，那么人民和政府可以事先预防，即使成灾亦决不如往昔之严重。

先期预告水文

美国时感大水之威胁，因之各测候站，均设有预告河流水文之组织。密西西比河淹死的人所以少的缘故，大半有赖水文之预告，使人民事前有准备。预测水文是根据下面的几个原则而定的：（1）河流水位之高下与雨量之多寡成正比；雨水多则水位高，雨水少则水位低。（2）水位之高下与雨水之消失成反比；蒸发强，土壤吸收水分多则水位低，反是则高。（3）水位升降之快慢与地势之高下有密切的关系，坡度大则水流急，水流急则水位之变动亦速，反是则缓。根据这几个原则来研究和实验，我们将来亦可以先期预告各河流各站之水文。如是则近河流的居民，得以事先有所预防，不至于有重大的生命和财产的牺牲。

结论

整理水利固为当今防水患之急务，然同特不要忽略了花钱少而收效大的长期预告水旱，和先期预报水文。政府台经对于水利花了不少的金钱，我更希望政府和人民对于长期预告亦加以相当的注意，那么将来我国的水患问题，总有解决的一日吧。

节选自《气象学报》，1935 年第 3 期

前清北京之气象记录

竺可桢

我国古代上自帝王下至人民，对于天时虽极注意，但并没有记录可以查考。现在所晓得前代遗留下来的气象记录最早要算北平故宫文献馆里所藏的晴雨录，记录年代较久的有北京、江宁、苏州、杭州四处，其中尤以北京的记录最为悠久可贵，计起雍正二年迄光绪二十九年（1724—1903 年）凡一百八十年之久，虽乏雨量多少的记录，但降雨开始和终止的期间均以时辰表明，若晓得北平四季各月每小时降雨的浓度，则雨量的数目亦可计算而得。南京气象研究所正在做这项工作，希望不久就可竣事发表。

文献馆的晴雨录只有质的记载，而无量的记载，且只限于雨量一项，虽则我们从下雪的迟早，也可推想那时候天气的寒温，但这究竟是间接的。论到真正的气象记录，最早的要算法国驻北平教士哥比神父的工作，哥比神父对于中国天文学极有研究，他的《中国上古天文学史》一文，十九世纪初叶法国著名科学家拉魄拉斯认为极可宝贵。哥北神父在乾隆八年（1743 年）开始于北平做气象记录，可惜他的记载除马尔曼曾经发表其零星温度统计以外，其余已无可查考了。哥比神父以后，耶稣会教士阿弥倭从乾隆二十年初到二十五年（1757—1762年）会在北平做有温度、气压、云量、雨量、风向等的记载。每天观测两次，一次在黎明日出时候，一次在下午三点。阿弥倭记载的原稿，已不知去向，但这六年的统计曾经美休氏印行于《巴黎数理杂志》中。阿弥倭所用之温度尚系旧式拉氏（Reaumur）表，但是否水银表抑或酒精表，则不能断定。据马尔曼的考据，谓所用者为水银表。阿弥倭的北平气象记录，迄今尚遗留人间，可称中国最早的记录了。他这六年所记录北平各月平均温度，经马尔曼的修正，有如表1所示。

表1

月份	1	2	3	4	5	6	7	8	9	10	11	12	全年
温度（°Re）	−4.0	−3.3	2.9	10.4	16.3	20.5	20.8	20.5	15.7	9.8	2.4	−2.7	9.1
温度（℃）	−5.0	−4.1	3.5	13.0	20.4	25.6	26.0	25.6	19.6	12.2	3.0	−3.4	11.4

从阿弥倭的记录，俄国傅烈旭断定北平的气候从十八世纪到十九世纪没有变动，但这种论断是不可靠的，因为阿弥倭用的温度表与以后俄国气象地磁台所用的温度表是否同一标准是成疑问的。

从阿弥倭以后，几乎七十年，北平的气象记录中断了。到道光十年（1830）俄国富士重又记录，但不过半年而停顿，且富士所用的历系俄国旧历，即儒略历，所以他的记录和旁人不能互相比较。到道光二十一年（1841年）一月俄国教会开始做有系统的观则，这实是前清时代北平最有价值气象记录的开端。最初主任观测员是一位不属于教会的我国人嘉锡开佛，并有两位教士罗索和侏里襄助其事，按日从晨五点至下午九点每间一小时观测测一次，到道光二十九年（1840年），和俄国教会东西相毗连的地磁气象台落成，翌年的元旦，该测候所迁入新居。俄国中央科学院所任命的第一任台长名斯开旭高，观测改为每小时一次，晚间亦照常观测。到咸丰五年（1855年）的年底，斯开旭高被任为上海俄国总领事，离平往沪，观测因之停顿，直到咸丰九年（1859年）一月，在新台长柏旭秋罗指导之下，工作又复进行，教士侏里和渼里京协同工作，观测仍为每小时一次。但在同治初年（1862—1863年）晚间的观测常有残缺。同治二年杪（末）观测又告停顿。同治六年（1867年）圣彼得堡科学院任命傅烈旭为北平地磁气象台台长。从此地磁气象台完全脱离俄国教会，而其直辖于俄国圣彼得堡科学院。傅烈旭氏系俄国著名科学家，留平凡十六载，对于东亚之地磁与气候颇多供献，其所著《东亚之气候》与《欧亚两洲之地磁》两文，尤脍炙人口。傅氏于同治七年四月抵平，于光绪九年（1883年）辞职返俄。

傅氏去职后，由弗来文代理台长，工作由中国助理谢（Ziang）、邓（Dung）二君负责进行，而北平地磁气象台未几降级为二等测候所。傅氏授任后，气象期测自晨六点至晚十点间每小时观测一次，但自同治九年（1870 年）一月始，则又改为上午七点、下午一点与九点每日仅观测三次。光绪八年（1882）因适值国际极年（International Polar Year），观测复改为晨五点至晚九点每小时一次。

俄人主持之北平观测记录，除咸丰九年至同治初年而外，均印行于俄国中央观象台之年报中。傅烈旭所著《关于北平地磁与气候》之论文，又散见于圣彼得堡中央科学院主稿之《气象要览》中。按当时俄国教会在北平城之东北隅，离城垣不过二百公尺之遥，地甚低洼，夏季大雨后四方均成泽国。所用温度表等均经里彼得堡中央观象台之校正，除温度、雨量外，尚有有温度、风向、风力、云量等之记载。同治九年（1870 年）在入地 4.2、3.3、2.3、1.6、1.1、0.5 公尺深设有地温表，而自光绪元年（1875 年）以后，则并测北平之蒸发量。兹将光绪元年至五年北平所测得雨量、蒸发量、温度等如表 2 所示。

表 2

月 份	一月	二月	三月	四月	五月	六月	七月	八月	九月	十月	十一月	十二月	全年
温度（℃）	−6.8	−1.9	5.5	14.2	20.0	25.6	26.9	25.5	19.5	12.0	3.2	−3.4	11.7
湿度（%）	48.0	50.0	42.0	46.0	48.0	54.0	72.0	77.0	70.0	60.0	53.0	52.0	56.0
风力（m/s）	2.3	2.6	2.9	2.2	2.6	2.0	1.2	1.2	1.3	2.1	2.6	3.0	2.2
雨量（mm）	3.0	2.0	4.5	26.0	30.1	48.5	208.9	208.9	62.6	16.2	4.5	0.9	616.1
蒸发量（mm）	28.0	34.4	92.6	128.7	169.2	150.6	94.6	94.6	59.1	52.9	54.4	35.3	994.4

俄人所测得之各年雨量记录，已收入气象研究所出版之中国之雨量一书，其余如温度、湿度等统计，亦在整理中也。

选自《气象学报》，1936 年第 2 期

100

南京的天气

竺可桢　薛铁虎

天气这个问题是人们三句不离口的东西，而也是人们最难了解的东西。这种只会谈而不能了解的现象，中外皆然。的确！在中国拿天气作为谈话的资料，已经谚语化了。你瞧！中国“谈话”俗语叫“谈天”，他的意思就是闲谈天气；中国“问安”或“致意”是叫“寒暄”，意思是问问“冷热”或谈谈“天气的状况是否适宜于对方的起居”。

如果你知道中国的天气是极容易转变的话，那么人们每日里谈天，就不足奇了，中国随便什么地方，除去极南端而外，在二十四小时之内温度的变迁可以达到 30 至 40 华氏度[①]。中国有 96% 的领士在温带里，可是中国的天气绝不能称为温和，显然名不符实的。

诸位之中，如果近四五年住在南京的，一定还记得一九三一年七月里是何等的寒冷而潮湿，但是三年后的同月，却又是何等的炎

---

① 华氏度 =32 + 摄氏度 ×1.8；摄氏度 =（华氏度 −32）÷1.8。

热而干燥。一九三一年七月的平均温度是 77 华氏度，雨量是 24.7 吋，而一九三四年七月的平均温度是 88 华氏度，雨量不到吋半。南京冬季里天气的变化，较之其他各季还要大，前年的冬季，温暖的天气是多么的值得留恋，正月里，人们还可以打网球；但是今年差得多大，现在三月初，地面还冻得挺硬！最近四天里，平均温度还在冰点以下四度左右，按照常态，温度是应该在冰点以上十一度了。这样惊人的温度和湿度的变化，年年岁岁，暮暮朝朝，当然使中国人“永远忘不了天气”。中国的天气既变幻无常，南京的天气又岂能例外。

现在我们来讨论一下南京各季的天气，且让我先从春天说起。在未谈到本题之先，我得离题说一点别的事件，就是先得决定一下四季的起迄这问题。照天文学上说，春季是从春分到夏至，夏季是从夏至到秋分，秋季是从秋分到冬至，冬季是从冬至到春分。而气象学家是用三、四、五这三个月算做春季，六、七、八这三个月算做夏季，九、十、十一这三个月算作秋季，十二、一、二这三个月算做冬季。这些不过是通常的分法，并不是专指一地而言的，像南京就不能完全适合。

比较合理的分季法，是用温度来做标准。耶鲁大学亨丁敦教授证明最适合人类生理健康的温度是 64 华氏度，如果为理智上的活动，温度似乎最好还要稍微低一些；不过当平均温度低于 50 华氏度时，五谷就不能生长，而平均温度高过 72 华氏度，在温带住惯了的人，又会感觉到太暖了。因此任何期间，平均温度高于 72 华氏度的就叫夏季，平均温度低于 50 华氏度的叫冬季，而平均温度在这二者之间的，却是春季和秋季。

气象研究所张宝堃先生，本着这个原则，求出南京的春季是从三月十七号起始，夏季从五月二十一号起始，秋季从九月二十三号起始，冬季从十一月二十七号起始。这样分析的结果是：南京的冬夏两季各占四个月，而春秋雨季则仅各有两个月了。

南京的春季，是冬季风和夏季风更迭消长的一个时期，“风向自北转南，天气立即变异。南京北风通常是阴寒刺骨；而南风则日丽风和。冬季风在没有遇到对手的时候，是不会有声有色的，可是在春季里，那南下的寒流和北上的暖流，彼此却互有消长，冲突得很激烈，结果遂使天气成为极不稳定的局面。阵雨是常常有，风暴在一年中此刻是最活跃。风暴的形成，多半是在两种温度和密度不同的气流辐合，彼此激荡而成的，用专门的名词来说：这种辐合线是叫做不连续线或是极面。

因此，南京的四月和五月，比较冷而且多雨，正所谓“清明时节雨纷纷”。春天从平津来的旅客们，常时埋怨着南京的春季是凛列非常！这在统计上很可以证明。南京在这两个月里，温度要比平津低三四度，原因是很简单的，因为我们这里所得的阳光，不能像北方那样丰富。

一年中，风刮得最属害的月份是三月和四月，自古以来，下江一带年青的人，只在春天才放风筝。因为经验告诉我们，如果没有相当的风力，风筝是再也放不起的。通常放风筝所需要的风速是每秒三米。人们常以为：在狂风怒吼的时候，空气一定很混浊，而风平浪静的日子，空气一定很清新。可是实际上则大不然，如果我们用仪器去测量每单位体积空气里所含有微尘的数目，则适得其反。北极阁气象研究所每日都要测定一立方厘米空气里所含有的微尘数，它告诉我们的结论是：风力愈强空气愈清明。这里，它又很明显地告诉我们，春季里风力愈大，空气愈比较清新。近五年来，南京的人口是有了显著的增加，而微尘数量的增加更可惊人。南京的人口在最近五年里增加了一倍，而南京空气里的微尘，因为人烟稠密的缘故，最近三年里就增加了一倍。

夏天初来的时候，东南季风渐盛，可是它的势力并不强，而且也不稳定，难以阻止东北寒流的南侵，因低气压还常常发现。在这时期我们称之曰“霉雨期”，霉雨，就是两种来源不同的气流互相接触后的产物，一直到七月十号以后东南季风才到了极强盛的时期，残余的冷空气，都被赶回老家，长江流域很少再会见到低气压的踪迹了。从此以后，太阳一天天地酷热起来，农人一个月以前渴望天晴，这时又要求雨了。这炎威肆虐的盛夏，除非雷雨时兴，刮风入侵，才可以解脱了这干旱的灾象，市民和农人才可以舒一口气。在一九三四年七月里，南京的温度曾到 109 华氏度，到如今南京的市民谈起那时的酷热还是谈虎色变。

“三时已断黄梅雨，万里初来舶棹风”，这是宋朝苏东坡的名诗。在这首诗里，他告诉了我们：东南季风的来临，是预告着霉雨期的终止。这首诗是苏东坡住在湖州的时候写的，可是对于南京也正适合。在长江下游东南季风兴盛的迟早，可以影响到天气的旱潦。过迟，那么夏季一定是多雨而且有水灾，过早，夏季却又有干旱的危险。一九三一年南京东南季风，在八月初才盛，而一九三四年却早在六月二十三号就来了。因此与普通的观念正相反，东南季风倒是一种干风，虽说是饱含着湿气，但却不能成雨，在南京下雨大致是低气压，台风或雷雨所酿成的。

到九月里，东北风在南京又占了优越的地位，它报着秋的来临。这过渡时期的情形，与春季不同，东北季风入侵，与夏季风的冲突为时颇暂。南京秋季自九月杪末以迄十一月杪，天高气爽，为一年中最平静最可爱的时期，风力微弱，低气压也比较来得少，台风的活动是远在南方，阳光普照着大地，温度常在 60 华氏度左右，这是郊游最好的天气。

南京的初霜期平均是在十一月八号，比上海早两星期，比汉口约早三星期，但有时南京在霜降（十月二十四号）的前后也可见霜。

秋季太阳是渐渐地移向赤道之南，白昼短得很快，夜里的幅射渐超过太阳所供给的日射量，温度因以下降。近地面的温度先降，空气下层较重，所以很稳定，因之南京这时期天气特别来得好，成为一年中的黄金时代。

温度的下降，在不同的地理环境里，自然也各不同，内陆如蒙古、新疆及西伯利亚等地，温度下降最快，而在南京这样的纬度则较和缓。十一月里，西伯利亚，蒙古的温度与中国本部的温度可以差得很大，有时竟会差到 80 或 90 华氏度。因为南北温度相差得太悬殊了的缘故，所以影响到天气的转变。这就好像水一样，密度大而冷的空气，有向温暖轻浮的空气侵袭的倾向。当这现象发现在南京时，我们就有所谓寒潮，凛列的北风猛袭长江流域，雨雪也就随踪而至，天气可以阴雨两三天，等到大部分的中国领土都受到西伯利亚或蒙古冷空气的洗礼时，天气才会放晴。天气晴了，南方阳光又增高了大气的温度，再等到南北空气温度的坡度又悬殊得十分厉害时，寒潮又刻不容缓地自北南下。

南京冬季的天气因此是这样周而复始循环不已，起初是寒潮南侵，于是阴雨，风雪，然后转晴，等天气晴了不久，接着又是寒潮，每一循环大约要七天。这种循环不息的寒潮的南侵，一直要到春季里才会结束，因为那时亚州的内陆是渐行温暖了。

南京最冷的冬季，常常就是气压最高的冬季，上年十二月南京的平均温度，要比准平均低 6 华氏度，开了近三十年来空前未有的新纪元，同月的气压也高过往日所有的记录。今年的正月和二月，平均温度比常年低 2 至 3 华氏度。最近的四五天内，虽然已经开春了，天气还是非常严寒。今年的冬天，在南京三十年的纪录里，确是又开了严寒的新纪元。

我们知道，这次的严寒，并不是局部的只限南京一处，华北和长江流域，都深切地感觉着今年冬季的整个的酷冷，可是原因何在？现在，尚没有充分的材料，可供我们作详细的探讨，有一点我们所知道的就是今年冬季，长江以北各地东北风则确较往年为盛，至于实在原因，必须等待东亚各地的报告到齐以后才能明了。

选自《气象学报》，1936 年第 4 期

冬寒是否为水灾之预兆

竺可桢

一九三六年虽只过去了三个月，可是世界上各国的水灾、冰灾、雪灾已经层见迭出。元旦那天英国的泰晤士河就泛滥成灾，到了三号法国的卢瓦尔河（Loire）南特（Nantes）城。未几澳洲洪水为患，美国风雪成灾。一月二十九号美国东部严寒，著名的那汇格拉瀑布（尼亚加拉瀑布）全部冻结。二月间我国塘沽大沽口外先后三次为凌冰所阻，轮只固冻在冰块中，航运完全停顿，损失估计达四百万元，甚至要用飞机来带粮食供给轮上的旅客和水手。二月二十三四号我国西北酒泉敦煌一带大雪严寒，平地雪深三四厘米，为一九二〇年来所未有。单酒泉一处，人民冻毙者七八十人。内蒙古积雪深至二三尺，牲畜十九伤亡。三月二十号美国俄亥俄河（Ohio）和康涅狄格河（Connecticut）溶雪与霪雨酿成该处空前之水灾，东部十五省同时泛滥，估计溺死人民一百七十余，无家可归者二十二万人，财产损失二万七千万金元。我国从两汉到如今，每隔两三年必有水灾，可称饱尝水患的风味，看到这种消息，能不惊心夺魄，谈虎色变呢？

现在虽离我国的雨季和大汛之期尚远，可是就有许多人相信今年的黄河长江一定会酿成极严重的水灾，不但乡下农夫有此论调，就是水利专家也有相信此说的。他们抱这种见解是有两种根据，一是说今年冬天特别冷。二是说今年冬季的雪特别多。但是这两说是否正确，必得要用事实来证明方为合乎科学。

美国东北部本年三月的水灾，一方面由于积雪的溶解，一方面由于大量的风暴雨，而地面冰冻洪水不能渗入泥土中亦足以增益水势。历来美国 Ohio 河的水患，统在春季，就是因为春初风暴到临的时候温度升达冰点以上，将一冬所积的雪骤然溶解，连同风暴带来的雨，滔滔而下，必致满坑满谷，洋溢于堤岸之外。我国南部已入副热带和热带，一冬很少见雪。即黄河流域以及东北、内蒙古诸省的情形，和美国的东北部也完全不同。美国东北部如纽约、波斯顿等，冬季的雪量要超过我国北平、西安、兰州、包头、宁夏、沈阳、哈尔滨等地的雪量二三十倍之多。美国东北部地面积雪常可达二三尺，而山中深处可积至百尺以上。我国黄河长江流域，冬天降雪数日后即蒸发净尽。今年二月间甘肃酒泉所报告十五六年未有之大雪，亦只平地积到三四厘米，两星期以后就蒸发不见了。至于黄河长江上游的高山，如南山、大雪山、积石山，山上的雪是历年积下来的，每年夏季统要溶解一部分，虽足以资长江黄河之挹注，但不足以酿成水灾。据西藏拉萨测候所之报告，本年冬天拉萨虽会降过几次雪花，但平地未见积雪。黄河长江流域各处本年冬季（即一九三五年十二月和一九三六年一月二月）的降水量（雨量和雪量），亦不比往年特别丰富，所以说今冬多雪，夏季必有水患是无稽之谈（表 1）。

表 1　一九三六年冬季各地降水量（以毫米为单位）

地名	降水量		地名	降水量	
	本冬	过去平均		本冬	过去平均
公三岭	9.9	14.9	南京	114.0	119.8
归化	23.0	—	徐州	38.8	65.7
包头	5.2	—	南通	93.3	103.8
宁夏	2.5	—	芜湖	139.0	143.9
秦皇岛	21.0	9.0	上海	173.9	143.7
北平	22.5	10.5	杭州	265.2	220.9
保定	6.3	11.0	长沙	179.2	183.8
天津	32.0	—	九江	146.0	186.2
太原	8.0	14.2	安庆	116.4	123.1
开封	15.1	—	宜昌	73.0	69.1
郑州	13.1	—	重庆	54.0	58.9
济南	16.2	28.8	青岛	5.3	34.7
泰山	19.1	32.0	—	—	—

至于说今冬特别寒冷，则确为事实。和常年相比，黄河流域要冷三四度，长江流域一二度。南方如昆明、厦门，香港等地则和常年不相上下。表2中十二个地方，就可代表本年全国冬季温度的大概。

表2 一九三六年冬季各地温度（摄氏度）

项目	十二月	一月	二月	项目	十二月	一月	二月
北平本冬 往年平均	−6.2 −2.7	−7.6 −4.5	−4.8 −1.5	上海本冬 往年平均	3.7 5.6	1.6 3.3	3.1 4.0
保定本冬 往年平均	−5.9 −2.0	−7.1 −4.9	−4.1 −1.5	长沙本冬 往年平肉	4.2 6.8	3.9 4.1	5.5 6.5
济南本冬 往年平均	−2.4 1.2	−3.6 −1.6	−1.2 1.7	重庆本冬 往年平均	7.4 10.3	6.1 7.3	9.9 9.8
西安本冬 往年平均	−1.6 1.9	−2.5 −0.6	1.3 2.3	昆明本冬 往年平均	11.1 9.9	7.7 9.7	9.5 11.0
青岛本冬 往年平均	−1.6 −3.6	1.4 1.2	−2.3 −0.1	厦门本冬 往年平均	15.6 16.6	13.1 13.6	12.8 13.1
南京本冬 往年平均	1.6 4.7	0.6 2.3	2.2 3.8	香港本冬 往年平均	15.8 17.2	14.3 15.4	14.9 15.2

但冬季的寒冷是否足为夏季雨量特别丰盛的预兆呢？要解决这问题，我们只有从过去的事实来推定未来的趋势。气象学上常用相关系数（Correlation coefficient），来解决这类问题。相关系数可以表示两类事件关系之是否密切。如两项事件完全若辅车相依，消长相合的，则相关系数为 +1。如两项事件完全背道而驰的，则相关系数为 −1。如二者毫不相干则相关系数为 0。应用这方法来求冬天温度与半年后雨量多少的关系，则冬寒是否足为水灾之预兆也可决定了。以长江下游而论，一二两月是一年中最冷时期，六七月之交当霉雨盛行，是洪水最易泛滥的时期。从表3上的相关系数看起来，可以晓得上海、南京冬天的寒暖是与六个月后霉雨的丰歉如风马牛不相及的。北京一月间的温度与南京四月间六月间的雨量相关系数较大，但两数虽一正一负，而均小于0.5，不能肯定北京冬天的寒冷与南京春夏的雨量确有关系。

表3 相关系数

相关事项	相关系数	记录年代
上海一二两月温度与上海六七雨月雨量	−0.01	1863年
南京一二两月温度与南京六七隔月雨量	−0.17	1931年
北平一月温度与南京四月雨量	+0.45	1916年
北平一一月温度与南京六月雨量	−0.37	1916年
北平一月温度与上海四月雨量	+0.28	1916年
北平一月温度与上海六月雨量	−0.09	1916年

照上面所讲则知，以长江下游而论，冬天的寒冷和次夏雨水的丰盛，是不相干的。当然今年冬春的奇寒，不能影响到今夏霉雨期间的雨量，并不是说今年夏季雨量不会丰盛，不致酸成水灾。要晓得这是两件事，不能混篇一谈。以中国幅员之广，水利之不修，任何年均可有水灾。兴修水利是国家应该做的事，冬季严寒不严寒是无关宏旨的。

选自《气象学报》, 1936 年第 4 期

100

气候与人生及其他生物之关系

竺可桢

气候和衣食住

气候和人生关系之密切，从衣食住各方面统可以看出来。先说衣吧。俗语有句话，叫“急脱急着，胜如服药”。这就表示我们穿衣裳之厚薄多少，须随天气而定的。所谓夏葛冬裘，依季节而变换，这是很明白的。以鞋袜而论，山东的苦力如东洋车夫统是着鞋袜的，真不愧为齐鲁礼义之邦。一到长江流域，一般苦力就赤双足着草鞋，因为长江流域雨量多，到处是水田，普通苦力穿了鞋袜是行不通的。在北洋军阀时代，一般北方兵士到长江一带来，对于穿草鞋的习惯，引为一椿苦事。到了两广一带，雨水更多，草鞋一浸水就不易干，变而通行木屐。赤了足穿木屐，在多雨而闷热的岭南，是很适乎环境。可惜现在的有钱人多穿着皮鞋，皮鞋极不通风，遂流行一种足趾湿气病。这类病为欧美所无，西医无以名之遂名之曰香港足。这就表示用夏变夷若不适应环境，是会出毛病。自从欧洲文化东渐以来，西装在我国渐渐通行了。但论起气候来，西装实只适宜于欧洲，而不适宜于我国的。因为欧洲的气候是海洋气候，而我国的气候是大陆气候，海洋气候冬温夏凉，大陆气候则冬冷夏热。譬如南京冬夏温度相差至摄氏温度二十四度之多，北平冬夏的寒暑相差更甚。但是欧洲西部和沿地中海诸国冬夏冷热相差很少，罗马十八摄氏度，巴黎十六摄氏度，伦敦不过十四摄氏度。西装是应欧洲的天气环境而产生的。所以冬不裘，暑不葛，一年四季，伸缩极为有限。西装到了北美洲，实际已只适宜于西部太平洋沿岸，而不适宜于东部。行之于大陆气候的我国，夏季则汗流淡背，冬季则其寒澈骨。讲到舒适合时，远不及中国装。中装和西装尚有一点不同，即是西装是对襟而且向例外衣虽有扣而不纽。中装除了马挂之外统是斜襟，而且有扣必纽。这其中分别也有气候的背景。凡是到过平津一带的人，就晓得华北冬天的西北风如何凛列，吹来的风沙无孔不入，决非对襟而不钮扣的衣服所能抵抗得住的。就是衣服的洁净和龌龊，亦和气候有相当关系。蒙古人衣服的两袖，虽油光四起，仍不洗涤，这就是因为蒙古缺乏雨水的缘故。

人们的饮食受气候的影响也很大。我国南人食米，北人食麦，是最显著的一个例。在关内人烟稠密，草莱多辟为田畴，农耕是最重要的职业，即使间或有畜牧牛羊的，亦不过当作一种副产品。牛羊之数既少，牛奶羊奶就不被人所重视。但是到了蒙古，情形就大不相同了。因为蒙古雨量稀少，根本就不适于农耕，惟有草类尚能生长，却可以作游牧之用。从周秦两汉以来，匈奴、突厥、回纥，以至于今日的蒙人，统依赖牛羊为生。乳酪遂成为日常的重要食品了。一个民族的吃荤和吃素，亦和气候有关。以大概而论，热带之人多素食、寒带之人多茹荤。潮阴地带人民食素，干燥地带人民食荤。在热带果木蕃殖，穀类丛生，而家畜如牛羊之类，反因蚊蚋众多，不易豢养。椰子香蕉是热带土人最普遍的食品。在寒带则五谷蔬菜不能滋生，但驯鹿可以生长于冰天雪地之中，其肉可以充肌肠，奶可以作饮料。两极附近富于鱼类，北冰洋中之爱斯基摩人，全靠捕鱼和海豹来维持生活。寒带里面居民之所以吃荤，和热带里面人民之所以吃素，一样是受气候的限制。佛教徒以不杀生为戒，这在印度、日本和我国长江黄河流域的和尚尚易办到，但到了海拔四千米五谷蔬菜不能丰登的西藏高原上，问题就不同了。西藏的喇嘛，迫于环境，势非茹荤不可。去年班禅到杭州、上海的时候，一般善男信女，见了班禅和他的随从者大啖牛肉，引为奇谈。若是晓得了此中原因，就不致于大惊小怪了。寒带和高原的人民之所以吃荤尚有一原因即是天气寒冷，人身需要多量脂肪质来御寒，茹荤比较蔬食为相宜，所以自然养成茹荤的习惯。

住的问题和气候关系更为密切。住宅的第一目的，就是要蔽风雨。我国北方风沙大，北平一带屋顶上瓦沟和屋檐的封固，要比南方紧密些。北平比较考究的房子，就有两重窗户。北方雨雪少，许多平民住宅，屋项全是平的。这在多雨雪的地方，不但要引起屋漏，而且冬天大雪之后，可以把屋子压倒的。欧美各国，凡是多雪之地，屋顶统尖削作金字塔式冰雪不至于堆积在屋上。日本西北部冬季西北风来自日本海，所以雨雪霏霏，街道上积雪可以深至七八尺[①]。大街上两旁人家的屋檐，伸出墙外至四五尺之多，使人行道不至为雪所蔽。我国自厦门以南，凡大城如香港、梧州等，街上的人行道上统造有走廊，一以避风，二以避炎热可畏的日光。讲到日光，依照现代科学上的研究，于人生有无限的利益，不但可杀微菌、增健康，而且可以疗治软骨症肺痨等。欧美现代建筑的式样，很受这理论的影响，普通作鸟笼式面面皆窗，使阳光随处可以射入。这类新式建筑，在国内也慢慢地盛行了。可是在中国气候状况之下，这类建筑是很不合时宜的。因为西欧诸国，纬度已高，兼之气候温和，可以一年中并无夏天。沿地中海各国和美国的大部分，虽有夏季而并不长。欧洲德法诸国，大多数时间云雾蔽天。以英国而论，一年当中每天平均照到太阳光的时间，在牛津不过四小时，爱丁堡只有三小时。我国的纬度低、夏季长，黄河流城夏季已有三个月之久，到了长江下游就有五个月，到了华南增至八个月，而且每天照到太阳光的时间要比英法德各国长得多。北平每天平均七小时有余，南京每天六小时不足。所以英法德诸国患阳光太少，而我国大部尤其是在夏天患阳光太多，一到夏季，南京各处的新式洋房，便都搭上一个芦席棚，好像一个华服的妇人，外面罩上一件褴褛不堪的大衣。新式洋房墙上多开窗户原是要想多吸收太阳光，但是外面遮一层芦席棚，是不准阳光过去，既不经济，又不雅观。这种矛盾现象，就可以表示我国若干建筑家，还只晓得依样画葫芦，而不能自出心裁地来适应环境。实际以我国夏季之长，日光之强，三十年前所流行有走廊的洋房，还比现代鸟笼式的建筑更为适用。当然从美术眼光看来，复古是不可能的。但适用而兼美观的式样，只要努力去设计。一定可成功的。欧美式的房子，尚有一点不适宜于我国，欧洲有冬无夏，为节省煤力电力起见，所以住屋宜矮小，我们长江以南，夏长冬短，故房间宜高大而宽敞。都市的设计，亦和气候有关。欧美纬度高，终年以西风为多，住宅宜设于城之西部，以避免工厂之烟煤。及人烟稠密地点之恶浊空气。大城如伦敦、纽约，城之西部，统是豪家的住宅，而东部则为工厂区域及贫民窟，我国在季风区域，终年之风都来自东，故行政区住宅区应设在城之东面，这是主管都市设计的人应该注意的。

气候与文化

世界最古的文化差不多统起源于干燥地带之大河流域，如尼罗河之有埃及，尤弗莱的斯河（幼

① 1 尺≈0.333 米，下同。

发拉底河之有巴比伦，渭河流域之有周秦，是最好的例子。寒带和热带从未产生过伟大独立的文化，居住热带的人民谋生太易，椰子香蕉可以不劳而获，因此一般居民无深谋远虑，到过南洋群岛的人们，统晓得爪哇人和马来人的偷闲爱懒，虽家徒四壁，亦嬉笑自若，倘有隔宿之粮，即高卧不起。非洲和美洲的黑人，亦有同样的风度。人类的文化全靠民族各个分子孜孜不倦地努力而产生的。热带里面之所以无文化，多半是因炎热潮湿的气候，可以使民族无进取精神的缘故。寒带情形与热带相反，热带谋生太易，寒带则谋生太难，在冰天雪地中爱斯基摩人以渔猎为生，终年劳碌尚不能谋温饱，弄得朝不保夕，苟延残喘，管子所谓仓廪实而后知礼节，衣食足而后知荣辱，则寒带里面之不能产生文化，亦是意料中事。

文化产生地带既非温带莫属，但为什么要在干燥半沙漠地方呢？要解答这个问题，我们要设想一个文化之出现绝非一朝一夕之事，必须经过相当时期。在文化酝酿时期若有邻近的野蛮民族侵入则一线光明即被熄灭。所以世界古代文化的摇篮统在和邻国隔绝的地方。尼罗河、幼发拉底河、印度河的四周固然是沙漠，就是我国的渭河流域西北两方也是半沙漠地带，南面有秦岭，东面有函谷关，所谓四塞之国在这样区域之内，才能孕育一个灿烂的文化。

从希腊的亚里士多德到法国的孟德斯鸠，这两千年中已有许多哲学家相信气候是能支配文化的一个要素。一九一五年美国的耶鲁大学教授亨丁顿著了一本书，叫《文化和气候》，他搜集了许多材料，证明文化和气候的关系，非常的密切，他这本书到如今已经第六版了，在通俗的科学书中销路要算很广的。他的结论可总括如下，凡是现今文化发达的区域如同欧洲之美、德、法、荷兰、瑞典诸国，意大利北部，美国东部和日本统在良好气候地带之内，而气候不良区域尽属退化或野蛮民族所居。亨丁顿所谓理想气候的条件：第一，冬天的平均温度在四摄氏度左右，夏天在十八度左右。第二，平均相对湿度为百分之七十。第三，一年当中风暴愈多愈妙，使天气常生变化。这种理想条件世界各处无一能适合的，唯有英国和美国北部的气候和这条件尚相接近。我国长江流域和日本夏季统嫌太热，风暴亦不及欧美之多。亨丁顿以为风暴的多寡，尤其足以影响到文化程度的高低。他曾经用美国西峯陆军大学和亚纳波列海军大学学生的成绩，和美国东方几个大城若干工厂中工人的工作做测验，得到出于意料的结果。就是天朗气清，温度没有变动的时候，学生的考试和工人的出品都非常坏，到了狂风骤雨将临，温度骤降的时候，学生考试和工人出品，成绩统特别好。亨丁顿的测验并非限于短时间，统是根据四五年的成绩，绝非偶然。到近来亨丁顿的学说得到一个生理上的解答。据英国爱丁堡大学克拉谋医生的研究，空中气温若骤然下降，人身肾上和项下两腺受了刺激，就能多泄内分泌，使人立刻觉得奋发有为。但温度若持久不变，则失了刺激，内分泌减少，而使人萎靡不振。个人既如此，民族亦何尝不然，经过一番风暴，即有一番寒暖晴雨的变迁，所以风暴多的地方，人身常受内分泌的刺激，使其振作精神跃跃欲试。

气候与卫生

各种哺乳动物中皮毛要算人类最稀了，若使不穿衣服，人类很难得在温带和寒带中生活着。因此有人相信，人类之起源必在热带。自从人类发明了衣服以后，人为的环境可以抵抗气候，人类的足迹，遂遍于全世界，据伯纳医生的研究，人穿了衣服以后，无论外界如何寒冷，人的肉体仿佛在三十三摄氏度的空气中。惟其这样，才能日常保持三十六七摄氏度的体温。在气温比体温还要高的时候，人类身体上有一种机能，可以避免体温的增高。这机能就是人类身体上的汗腺。有多少哺乳类动物，如猫、狗、老鼠等，除了身体一小部分外是没有汗腺的，因此就不能抵抗很高的气温。一只老鼠在静止的空气中，气温若增加到三十八摄氏度就会死的。人和马猪等身体上汗腺分布极广，气温高一些，立刻就出汗，使体温不至于过度地增高。出汗的功能，就是使汗汁蒸发，而使人感觉凉爽。人类有了衣服，再加出汗的机能，在地面上各种气候状况之下，虽能对付得过去，但是气温太高或是太低或是变动太缓太骤，于人类的健康统有很大的影响。据一九三二年至一九三三年上海、南京、杭州、汉口、青岛五个城市的统计，一年中死亡人数最多在八月和九月，次之在三月和二月，而死亡人数最少是在十月、十一月和五月六月。换句话讲，在我国中部夏秋之交死人最多，冬春之交次之，而春秋却是死人最少的时候。夏季和冬季之病症亦不同，夏季的流行症是霍乱、伤寒、疟疾和痢疾，冬季是肺炎、白喉和猩红热。夏季患的多是胃肠病，而冬季多是肺管病。为什么死人最多，夏季不在最热的七月而在八九月，冬季不在最冷的一月，而在二三月呢？这多半因为人身抵抗力经过夏天的酷暑和冬天的严寒以后慢慢地减少了，而病菌才得乘机以入的缘故。一九〇一年至一九一〇年十年间的调查，日本死亡人数一年中以九月为最多，八月次之，而以六月为最少。可见我国和日本气候差不多，一年中死亡人数的增减亦相仿。据同时期日本调查女子受孕的数目，则和死亡的数目却相反，以六月为最多，四五月次之，而以八九月为最少。一年各月中日本女子受孕数目，统超出于人口死亡的数目，唯有九月死亡数目比受孕数目还多。

美国东北部夏季不及我国和日本之酷暑，而冬季的寒冷则过之。所以二三月间死亡率比较七八月间要高得多，而五六两个月的死亡人数最少。美国夏季死亡人数之少，另外还有一原因，即是各城市村邑，卫生设备好，夏季的流行症如霍乱伤寒之类几乎绝迹，这当然与气候无关的。可是在同一城邑，凡是冬季愈冷或是夏季愈热，则死之人数愈多。以纽约城而论，八个最冷的三月，比较八个最温和的三月温度要低三度半，而死亡率就增加 10%；到夏天则相反，八个最热的七月，要比八个最风凉的七月要热一度半，而死亡率要增加 14%。可见死亡率和温度之关系，绝非偶然的了。

亨丁顿根据美国九百万病人的研究，知道在美国东方，病人最相宜的温度是十八摄氏度，相对湿度是在 80%左右。温度增高至二十四度以上，即与病人有害。空气干燥，与病人卫生亦不相宜，尤以冬季为甚。在印度乐克诺地方较孟买为干燥，而其死亡率即大于孟买。即在印度同一地点，三、四、五各月干燥时期之死亡率，较之六、七、八各月潮湿时期之死亡率为大，以温度而论，则印度之春季与夏季同样暑热，中国一般人以为干燥的空气比潮湿的空气卫生是错误的观念。

气候与其他生物之关系

人类因智能出众，已创造了许多方法以减少气候的种种限制，植物和其他动物，既无这种创造力，所以它们所受气候的限制，比人类还要大。以植物而论，寒带和热带，高山和平原，沙漠和湿地，所生长的草木种类完全不同。植物所需的四大要素，日光，温度，湿度和土壤，其中气候却占了三个。一枝树的叶子厚薄多少与叶绿素之分布，统和日光强弱有关。高山上面有若干树木，佚由伛偻，不能如平地上一样发育成为高大的乔木，就是因为山上紫外光线太强的缘故。单以眼睛能见得到的太阳光而论，红色光线和蓝色光线的作用就不同，据瑞典冷谭加教授的研究，红色光线使细胞生长，蓝色光线使细胞分裂。红色光线和蓝色光线的比例，晴天大于阴天，高原大于平地，沙漠大于海洋，热带大于寒带。因所需日光多少之不同，植物可分为阳性的和阴性的两大类。

温度对于植物的重要，极为明显，空中的碳酸气（二氧化碳，下同）是植物枝叶中纤维的来源，要植物生长茂盛，必须充分地能吸收碳酸气。大多数植物吸收碳酸气最相宜的温度，是在十五至三十摄氏度。马铃薯蕃茄最相宜的温度是二十摄氏度，豆科植物最相宜的温度是三十摄氏度。人类最需要的五谷当平均温度低到十摄氏度以下，就不能生长。椰子树不能生长于平均温度二十摄氏度以下的地方。从草木的分布，就可以看到温度影响之大。单以浙江省而论，温州以北无榕树，嘉湖以北无樟树。从京杭国道上，我们可以看出来从南京到溧阳很少见竹子，一过宜兴满山满野尽是竹林了。荔枝、龙眼只限于福建两广，茶叶橘子不过秦岭。热带的植物大多数不能经霜，这种显明的例子统可以表现温度如何严格地限制草木之分布。

雨泽对于草木五谷之重要，我们可以从古代文人的诗句里看出来。如唐高适诗，圣代即今多雨露，即是一例。到如今济南北平旧式家庭的大门上，尚家家户户写着天钱雨至，地宝云生的门联。这种诗句对联是在华北干燥地方应有之现象。在非洲阿比西尼亚（埃塞俄比亚）每逢雨季初临的时候，还有盛大敬神典礼。印度一年中收获的好坏，要看季风的强弱和所带雨量的多寡来断定。中国连年以来，总有几处地方闹着旱灾或水灾，雨量之于五谷的重要，可以不言而喻了。沙漠之所以不能生长值物，全是因为雨量稀少的关系。凡是一年中雨量在一百毫米以下，统是沙漠不毛之地。我国西北的酒泉、包头等地方，一年雨量在一百毫米至二百毫米，可称半沙漠地带。

动物因为能移动，所以比较植物有选择气候的能力，但是动物和气候的关系，仍是极为密切。我们所用的牲口，热带森林里用象，沙漠用骆驼，水田用水牛，温带用骡马，寒带用驯鹿和狗，道完全为了适应环境。候鸟如燕子，黄莺，布谷，来去季候的迟早完全要看天气的寒暖。两栖类如青蛙以及蛇类在温带里，一到冬季就蛰处静伏，等春季开始，蠢蠢欲动。到了夏季又就横行各处了。昆虫类种类繁多生殖迅速，和气候的关系更容易看出。昆虫对于温度高低感觉的灵敏，从蚂蚁和蟋蟀就可知之。蚂蚁行动的快慢，和蟋蟀鸣声的缓急，视温度的高下而定。有人试验过不用温度表，单从蚂蚁蟋蟀的动作，可以测量气温，精密程度可到华氏表一度。一般农夫均以大雪为丰年之预兆，这多半是因为大雪之后，必继之以大冷，而很低的气温足以杀死蛰伏田中的害虫。但是雪的本身，因为是一个不良导体，反足以保护地下热的发散，所以有人为大雪能杀害虫是不合理的。温度若很高，也可以致虫的死命。蝴蝶热至四十二摄氏度则死，蝗虫热至四十八摄氏度则死。有若干害虫如蝗虫和松毛虫，统繁殖于干燥的季候，因为地土干燥，则所下之蛋，易于生长。而尚有其他昆虫类如蚊子，则天气潮湿反能繁殖。特殊的气候，如大雪、雨、雹统可使动物受很大的影响。去年冬天蒙古大雪，生羊冻死成千累万。一九一四年八月间泰山下雹，平地积至二三尺之厚时在黄昏以后，把山上的鸟类几千全数打死，数年之内，泰山上鸦雀无声。高山的气候因空气稀薄，使动物血液中红血球特别增多。山上动物初下山的时候要比山下同类动物来得骁勇。南美洲诸国有一个风俗，凡是跑马的时候，初从安第斯山下来的马不准加入，必得在山下住一个相当时期，始能准比赛。山国居民，特别强悍，大抵亦是这个理由。

选自《气象学报》，1936 年第 9 期

杭州的气候

竺可桢　程纯枢

马哥勃罗在他的《Tales from Cathay》一书里称杭州为“天堂”，这书也曾说起杭州之被本国人看做人间的乐土也有千年之久了，因而有“上有天堂，下有苏杭”的流行谚句。在唐代（618—905 年）以前，从中国北部来的人总容易看轻杭州一带的地方，说这些是多沼泽而无益健康的地方。后来自从经过唐宋三位有力而眼光远大的长官李泌、白居易和苏东坡的努力，排去了沼地过多的水，筑闸开井，修整西湖，所以一到十二世纪的初叶，杭州已经成为一个繁华而卫生的城市了；后来居然成为宋朝的京都。至于马哥勃罗的拜访行都是恰好在宋崩溃与元的兴起之后。在最近千年以来，杭州有他应得的举世皆知和令人羡艳的美誉，这一方面固然由于地理位置及风景美丽所致，另一方面，就得归功于气候了，这气候的一方面是我们现在要讲的。

气温

杭州的气候，和中国其他各地一般，也是大陆性的，这意思就是冬冷夏热：杭州（北纬 30°16′）的平均气温如果和纬度三十度各地之平均气温比较在七月里高出 2 ℉（82.9—81.14 ℉）在一月里却又太低至 19 ℉（58.5 ～ 39.4 ℉）之多。从某方面看来，冬季的寒冷与其说它是缺点，还不如说它是好处。要是一月里和四月或十一月同样的温暖（杭州的温度如果是北纬 20° 的平均温度，就该如此），农作物就会因虫害而蒙很大的损失，我们只要想到蚊虫就可以经年不死的情形已经够了。此外，也就是因为比较的寒冷，使得杭州冬日的天气新鲜而兴奋。近年来杭州所纪录到最低的气温为 13.8 ℉，在一九三一年一月十日。在冰点以下的气温在十一月到三月五个月里都可以遇到；不过平均一年间有 38 天是在冰点以下的。

有时在夏天，杭州的天气热得难当。但是我们再进内地一些，到长江中游之安庆、九江、汉口及长沙等七八月的气温比杭州还热两三华氏度。因为离海只有一百一十里，杭州在夏天日间总受些海洋风的优惠，而且风势也很显著地比长江中流各地强些。一九三三年和一九三四年夏季酷热，一九三三年七月的平均气温就比以往各年七月的平均数高出 4 ℉，二十三年高出 5 ℉。幸而这种特别酷热的情形是极少见的，如一九三四年七八两月的气温都高至 83 ℉，是有记录（1907—1916 年，1923—1935 年）以来所没有的。可是杭州的绝对最高温度的记录却不在上面所说的两年中，而是在一九三〇年八月十日，度数达 107.8 ℉（一九三四年有达到 107.6 ℉的度数，但恰恰不够打破纪录）。

一年分为四季是习惯的用法。若以天文的说法讲，春天从春分（三月二十一日）起到夏至（六月二十一日）止。夏季是从夏至起到秋分止，以此类推……可是全世界的气象学者，为便利起见，都以三、四、五这三个月为春季，六、七、八这三个月为夏季；九、十、十一这三个月为秋季；十二、一、二这三个月为冬季。这种分法也许便利些，可是不见得合理。气温应该是分季的第一准则。因为气温各地有参差，而且用一个固定的方法分年为季也不能适合于世界所有的区域——热带、温带、寒带。所以有些气象学家就制定平均气温在 50 ℉以下的时期是冬季，在 72 ℉以上的是夏季，此外春季和秋季是平均气温在这两个数目之间的时期。用这个标准来说，杭州的春天自三月二十二日起只有五十五天；夏天自五月十六日起有一百四十天；秋天自十月三日起有六十天；冬天自十二月二日起有一百一十天。

雨量

杭州常年受到多量的雨水。平均年雨量约六十寸[①]，较上海多 32%，较南京多 50%，而

① 1 寸≈ 33.33 毫米，下同。

且超过更南一些的我国沿海地方如福州、厦门以及汕头，和中国其他各地一样。杭州大部分的雨量是在夏季三个月得到的，但是全年的雨量分配，却较其他各地均匀得多。譬如春季得雨量26.6%，夏季得37.5%，秋季21.3%，冬季14.6%。试一比较北平的雨量，全年76.0%的雨降在夏季三个月，冬季三个月得到的不过1%多一些。就是上海全年雨量的分布也没有像杭州这样的均匀。

杭州更有一个特点，各年间雨量的变率为中国各地间最小的一个。华北不仅是少而且变率大。如北平、开封诸地的雨量变率都在30%以上。华北的雨量变率极大，所以也就潦旱常临了。杭州的雨量平均变率是16%，宁波仅是11%。单从这雨量变率说，杭州一带的地方，水旱灾以及歉收的事该是比较稀少的。

今年之秋天，我们亲眼看见不能忽视的干旱。从九月十六日到十月三十一日四十六天内简直就没有雨。十月四日有一点雨迹，可是量不出来。自从1905年杭州开始继续纪录雨量的一年起只有1916年一月里一个月完全没有雨。杭州以往各年十月雨量的平均约四寸多些；在一九二八、一九二九两年的十月却不到一寸，而今年的十月的雨量只有百分之四时。幸而像今年这种干旱发生在对于农作收获上无甚妨碍的时间。

诸位在一九三四年夏天住在杭州的一定可以回想到那种过度的炎热和干旱。真的，像前年这般酷热少雨，自1905年以来，没有一年能及得到。一九三三年六、七、八这三个月的雨量（八寸），只占平均数的35%，那时西湖上可以走路不致湿足，这恐怕是数百年来的奇迹。在南宋的一百五十年（1127—1276年），西湖显底的可靠纪录有两次，在一二四〇年和一二四七两年的夏季。明朝的二百七十五年（1368—1643年）西湖的干涸只有一次，在一四五六年的冬天，就是于谦遭杀戮的那一年，而于谦的庙至今还在西湖边上。

一九二六年是杭州有记录以来雨量最多的一年，年雨量达85.6寸。那年九月里降雨达21.7寸，大半由台风得来。一九三一年，就是扬子江大水灾的那一年，七月的雨量最多，仅次于年雨量。论及杭州的降雨有下述三种，即雷雨、低气压及台风是也。雷雨时期在杭州自三月开始至九月为止。最近三年（1933—1935年）杭州共有五十次雷雨，八月最多，共十五次，七月次之，九次，六月及三月各七次。这种雨都是短时间的，所以虽然雨量很大也不致于造成水灾。台风或热带风暴通常都是从太平洋西部的卡罗林群岛附近发生，最初通常向西北移运过菲律宾，琉球群岛或台湾后，在北纬25° 至30° 处再折向东北。台风季通常在五月开始，十月或一月终止；但是袭击浙江沿岸的时期只在七、八、九这三个月。当台风初上陆时，不但使渔船受灾害，而且狂风暴雨突然而至。杭州历史上可以看出的几次最猛烈的水灾，或者都可以归到台风的影响，如一九二六年的一次就是最近的实例。事实上，所有因台风而起洪水，都在八九两月发生。在一九〇四至一九三四年三十年内，在温州以南的海岸登陆的台风有117个，而在温州以北登陆的只有21个。所以杭州受台风袭击的机会实在比中国南部各海岸地方少得多。低气压，和台风相似，不过它的地域较大，且自西向东进行的。这种低气压大部发生于冬春二季，实际上就是杭州较凉半年中降雨的原因。在四五两月，这里的低气压来去最多，到六月间就产生浙江的梅雨。只要梅雨延长到七月下旬，或在春季或初夏低气压异常活跃，在杭州就可以造成大水，又以一九三一年七月长江流域之泛滥为更甚。

风及霜

就一九三五年杭州每小时风之记录分析之，北西北风最为盛行，东及东东北风次之，西及西西南风为最少。至于北西北风在杭州的如此盛行是很可以注意的，因为季风及信风二种影响，应该使杭州来自东面的风较多，有如中国其他的地方一样。此中的原因，似乎因为杭州靠近海岸，所以感受海陆软风的影响，只要我们留心一下，就可以注意到晴天风向标或烟囱里的烟所表示的风向，从白天到夜里，总顺着时针的方向变换。在清晨是北西北风，到十一时左右顺转成东风，一直到晚上九时前，复渐返北西北风。在上海也有几分相似的情形，但是北西北风就没有杭州这么盛行。

杭州风速最大在春季各月，尤其是三四两个月。我国古时的人从经验方面也知道这个情形，所以杭州一带风筝的施放也只有在春天，因为风速不超过每小时七八里的速率时，风筝的施放是不可能的。

杭州初霜约在十一月中旬，而终霜约在三月中旬。平均杭州一年中约有二十三天白霜。完全无霜的时期达八个月。

选自《气象学报》，1936年第12期

中国气象学研究工作的回顾与前瞻

赵九章

我国气象事业，早期操诸于天主教之手。北洋军阀政府时代，虽在北京有中央观象台的设置，各地也有些零星的气象台，但彼此互不联系，气象事业，既无统一或合作的组织，研究工作自然不能开展。自一九二四年气象学会成立，一九二八年中央气象研究所创办以来，二十多年在竺可桢先生领导之下，创设国内测候网，充实研究所设备，使气象事业与研究工作联系并进，逐步走上了发展的道路。在抗战以前的十年中，中国气象工作者研究的创作，已近一百篇论文。抗战八年，大部气象机关及大学，迁到后方，气象工作者在艰苦的生活条件下，仍能确守岗位，努力工作。研究论文发表于国内外专门杂志者，也将近七十篇。虽然在量的方面，较抗战前稍少，但质的方面，正在逐年提高之中。抗日战争胜利至解放一段时期，各机关纷纷复员，工作尚未安定，而反动政府策动的内战，随即大规模爆发。气象工作人员一部分积极参加了革命事业，大部分退避于图书馆及研究室里。在生活艰苦、物价暴涨的环境下，情绪低落，工作条件日差。

这一阶段研究创作最少，总计尚不到三十篇论文。

追溯二十余年来中国气象研究工作的成果，我们可由下面五类来分析。

（一）在气候学方面的著作最多（约占40%），成绩也最著，对于全国性的气候分布，有《中国气候区域》《Koppen范式之中国气候区域》《中国润湿气候区域》等多种论著，用长年累积的各地气象记录，以不同的观点及应用的对象，将中国气候的分布予以确定。对于地方气候，论著更多，如《四川气候区域》《拉萨的气候》《南京之月令》等为代表著作，对小区域内的气候特征，有精到的分析。对于中国雨量的研究，则《中国雨量的范式》《东南沿岸岛屿雨量稀少主因之探索》《长江流域雨量的相互关系》等著作，对于中国雨量的分布及其原因，故详尽的探讨。此外，对于古代气象，有《关于西域及西蜀之古气候与古地理》著作，而《中国之雨量》《中国之温度》《中国气候资料》各编，以及各种气候图志，对于国家建设方面有相当的帮助。

（二）在天气学方面的论著，在质量方面，都不下于气候学（约占30%）。首先《中国温带低气压之分类及其性质》《中国之天气型式》《中国锋面生长及消灭区域之分布》等著作，使我们对于中国天气有了全面性的了解。此外根据十多年来高空探测积累的记录，经许多位气象工作者的分析，著有《中国气团之分析》《中国气团之交绥与中国天气》等论文，使我们对于控制中国大陆的气团及其对于中国天气的影响，有了初步的认识。对于天气类型，论著更多，如《中国之寒潮》《江湖盆地之气旋》《南岭低压槽之形成》《东亚殿风之统计研究》《论北美之冷涡旋》等，皆有详细的研究，对于天气预告的帮助甚大。

（三）在天气环流方面，论著虽不如前两种的多（约估10%），但重要的论文却不少。《东南季风与中国之雨量》是一篇最早的代表作品，文中就中国古籍的记载，以挪威学派锋面的理论及相关系数方法，把控制中国夏季雨量分布的重要因素，加以确定。《中国夏季风的进退》则利用地面湿球温度的分布，把夏季风的运动，加以探讨。其中结果，已很清楚地显示出西藏高原对于东亚大气环流的影响。《论中国冬季对流层高部之大气环流》则根据高空记录，明确地显示西藏高原与注流分支的关系。《中国天气与世界大气浪动及其长期预告中国夏季水旱之应用》《东亚活动中心与我国水旱灾的关系》《海水温度与水旱问题》等论文，或利用相关系数的统计方法，或则抓住了控制天气主角，或则根据海水温度的升降，把东亚夏季大气环流变化及中国之水旱问题的研究，做了些前哨工作。《中国近地面层大气之运行》《东亚自由大气之运行》两文，则利用地面及高空测风记录，以流线图表示东亚大气环流在各季节中之平均状态，此种运动学的探讨，不仅在动力气候学方面，而且在天气预告的应用方面，都有相当的意义。此外，《论大气环流的变化》及《论子午线之环流》两文，则在角动量输送中，讨论大气环流之变化与保持，皆有新的贡献。

（四）在动力气象学方面，论著较少（占 10% 弱）大都偏重于天气现象的解释。《阵风频率分布的普遍定理》《冷热气团在大型涡动中之退化》《论大气之平流作用》等，都是属于此类。《活动中心之形成与水平力管之关系》首先指出倾压大气中西风波动的不稳定性。《正压大气中水平西风环流之稳定度》则讨论注流中水平风力切变，对于波动的稳定度。《大气中能力频散》，则在不同的大气模型中，解算涡旋量方程式，进而讨论西风带波动之消长及阻塞波的生成和运动。《大气涡旋之运行与大气环流》讨论反气旋与气旋在大气平均涡旋场内的运动，并进一步引用运动量不变条件，解释大气中带状环流之生成。此种论著，不独在动力气象学方面有新的创见，在实用方面，也可作为重要的参考。

（五）其他方面，如地球物理中的潮汐现象、长波辐射、天电、海洋等，亦有不少著作（约占 10% 强）。其中《大气中之长波辐射》根据最完全的水汽及二氧化碳的红外线吸收系数，将大气中热量的度支，重新计算。其结果的精确远超过国外学人的工作。《论世界二十七测站之太阴潮汐》则用简谐分析将大气中之潮汐现象，做详盘分析，为研究大气潮汐的重要著作。

根据上面的分析，在过去二十多年内，中国气象研究工作是有成绩的，但是我们也不否认过去研究工作的缺点。第一，研究工作没有计划性，因此集体性的工作较少。第二，与实际联系特别对于应用方面的工作，做得不够。第三，物理气象学实验工作做得很少，特别是新的仪器的设计与制造，尚未开始。

今天在新民主主义的新中国，在政府重视科学的建设纲领下，同时在军委气象局，把中国过去不统一的气象事业，以加速的步伐，重新整理之后，我们研究工作的条件，已经起了质的改变。所以在今天我们来谈现阶段的工作，一方面要接受过去宝贵的经验，一方面应针对过去的缺点，在配合实际提高学术水平的原则下，将目前任务与长久计划，做一适当的布置。

就我个人不成熟的意见，今后气象研究工作，应当结合抗美援朝及国家的需要配合气象局的业务，来进行各项工作，我提出下列几个问题，请大家商讨。

（一）利用过去收藏及现有的资料，把全国的气候图志整理出来，同时要以综合气候学的观点，把各区域在不同的天气型式下的气候整理出来，这两项工作，需要的人力最多，但对于实际的应用也最大。

（二）今后几年之内，由于气象事业的走上轨道，新的资料将不断地产生。我们要以现代分析的方法，将各种天气型的观测事实正确地表示出来，然后再结合动力学运动学，将各种天气型的生长和演变的物理原因弄清楚。这类工作的累积，就可以逐步完成中国天气型式的划分工作，对于改良本国预告，将有重大的意义。

（三）东亚大气环流的研究，是解决短期、长期预告与水旱问题的基础。我们必须将控制东亚大气环流的主要因素，如同西风带、极地高压、副热带高压和西藏高原等的影响及其相互的关系研究清楚，最近在研究所内，已分别在进行这一类工作。

（四）为配合气象业务，我们必须充实工厂及实验室的设备，制造气象仪器，并设计新的仪器，使中国气象事业，在自给自足的条件上发展起水。此外为提高中国气象学的学术水平，为长久计划做一准备，我们目前可以进行或准备的工作有：

（1）针对不同的应用对象，把中国气候予以不同的划分。同时为了农业及水土保持的利用，进行一系列实验的小气候学，研究近地面层的涡动，水分及热量的交换，此外小区域的气候，如“四川气候区域”的典型工作，可在各省区着手做起来。

（2）为了了更进一步了解大气环流，我们进行研究环流变化的生命史，大气中之能量与热量平衡，大气环流中之大型涡旋运动等问题。

（3）配合着天气学及大气环流，进行一系列的动力气象学的研究，在此我们先由线性化的流体力学方程式，引用由实践中体念到的起始及边件条件，解算动力学方程，以解释大气之运动现象。

（4）气象学方面许多问题，如水汽凝结、天电、辐射等，都要从实验物理方面进行研究。此外在高空方面，我们研究的领域，已经过由二三十千米升到一二百千米。这种高空大气物理的研究，不但同低空天气现象有关，而且对其他许多学术与实用问题也有关系，它的亘要性，在第二次世界大战之后更为明显。然而在理论和实验方面，这种高空的研究因为稀薄空气的物理性质的不同，在气象学里，还是一块待开拓的新园地。

气象学是一门应用物理科学，天气变化是自然界比较复杂的现象。内在的因素既多，外界的影响又大。我们既不能根据一地孤立的气象记录来窥测天气变化的规律，也不能物理实验一样，借仪器的布置，控制外界的条件或孤立内在的因素，把问题由局部研究进展到全部认识。我们生息于大气之中，我们研究的气象是整个大气里的物理的及化学的变化，所以我们必须掌握着全盘重要的观测记录，以进步的理论，联系内在的因素与外界的影响，把这自然界最复杂现象，予以研究分析。因此气象学研究，特别是天气学、气候学、大气环流等，必须建筑在健全的气象事业基础之上，同时气象学研究的成果，由于能帮助天气预告，将成为选择业改良各种气象观测的指导，所以气象业务与气象研究是息息相关，不能孤立。必须使理论与实践、研究和业务，在适当的配合中，分工合作，联系发展，才能把气象科学在中国一步一步地提高起来。

选自《气象学报》，1951 年第 22 卷第 1 期

中国过去在气象学上的成就

竺可桢

气象学是人类生产、斗争中最迫切需要、最基本的一种知识。人们若不能把握寒暑阴晴的规律，无论衣、食、住、行统会发生问题的。远在三千年以前，殷墟甲骨文中，许多卜辞，就为要知道阴晴雨雪而留传下来。积了久年的经验，到周朝前半期，我们的祖先已经搜集了许多气象经验，到周朝前半期，使妇孺统可以传诵。如诗经里“相彼雨雪，先集维霰”，就是说冬天下雪以前，必要先飞雪珠。又如“ 朝隮于西、崇朝其雨”。意思是朝上太阳东升时，如西方看见有虹，不久就要下雨了。到了春秋战国时期，铁渐渐地被普遍应用，生产和交通工具大有改进，我们天文学和气象学的知识也大大提高。如二十四节气的确定，分、至、启、闭，定期风雪的记录，和桃李开花、候鸟来往的观察，统在这个时期开始了。吕氏春秋，夏小正礼记月令是秦汉时代的作品，但仍不失为世界上最早讲物候的几本书。从西汉以来，我们气象知识，逐渐地累积，逐渐地增多，这广大宏富的经验流传下来，在民间成为天象歌谣，如“朝霞不出门、暮霞行千里”这类谣谚。到了文人手中，便引入诗章，像苏东坡“三时已断黄梅雨，万里初来舶棹风”这类诗句。中国各地方天气谣谚统是从了解自然现象得来，其数目的众多是世界无双的。过去朱柄海先生已搜集各地方天气歌谣，成为专书，但他所搜集的还不过部分而已。一般的来说，从两汉以来，我们的气象知识从三方面发展着：（1）观测范围的推广和深入。（2）气象仪器的创造和应用。（3）大气中各项现象的理论解释。在这三方面，我们祖先统有了伟大成就，直到明初，即公元十五世纪，我们在气象学的认识，许多地方还是超越西洋各国的。

（一）在史记天官书中，气象和天文是混为一谈的。从西汉以后，关于特殊的气候，如大旱、大水、大寒、霜、雪、冰、雹等记载，不但继续增加，而且记录的范围，也跟了版图的扩充而推广了。这类记录详略很不一致。在各时代，凡是首都所在地的区域，总特别被重视，如东汉时代河南唐朝的关中，南宋时代的两浙，气候记载特别详尽。从这类记录中断定东汉到明清二千八百年气候变迁是很有问题的。但若加以适当的处理和选择，仍可作为很有价值的资料。如南宋时代首都在杭州。从高宗绍兴五年（公元 1131 年）到理宗景定五年（公元 1264 年）的 132 年间，有 41 次杭州晚春下雪的记载。从这记载和近来杭州春间移雪，即是春天最后一次降雪日期相比，我们可以推断，在南宋时代春天降雪期，要比近水延迟两个星期，却和上海的终等期相接近。这就是说，在十二三世纪的时候，杭州的春天要比现在冷到一摄氏度之多。在我们的史书上和各地方方志上，古代气候记录的丰富是世界各国所不能比拟的。到明清二朝天气的记录更要详细些。北京故宫文献馆里，原藏有北京、江宁、苏州、杭州等地的晴雨录。其中最悠久的是北京的记录，从雍正二年（公元 1724 年）起，到光绪二十九年（公元 1903 年）凡 180 年之久，每次下雨雪统记载，有月日时辰，可惜没有尺寸。

（二）在气象仪器方面，雨量器和风信器统是中国人的发明，算年代要比西洋早得多。后汉书张衡传“阳嘉元年（公元 132 年）张衡造候风地动仪。”后汉书单说地动仪的结构，没有一字提及候风仪是如何样子的。因此有人疑心以为候风地动仪是一个仪器。其实不然。《三辅黄图》是后汉或魏晋人所著的。书中说：“长安宫南有灵台，高十五级，上有浑仪，张衡所制。又有相风铜乌，遇风乃动。”是明明相风铜乌系另一仪器。其制法汉书虽不详，但据观象玩占书里说：“凡候风必于高平远畅之地。立五丈竿。于竿首作盘，上作三足乌，两足连上外立，一足系下内转，风来则转，回首向之，乌口衔花，花施则占之。”可知张衡的候风铜乌和西洋屋顶上的候风鸡相类。西洋的候风鸡，到十二世纪时始见于记载，要比张衡候风铜乌的记载迟到一千年。雨量器也是在中国最早应用的。宋秦九韶著数书《九章》，其中有一算题，乃关于算雨量器之容积。

到明永乐末年（公元 1424 年）令全国各州县报告雨量名少。当时各县统颁发了雨量器，一直发到朝鲜，朝鲜的文选备考中，有一节讲明朝雨量器的制度，计长一尺五寸，圆径七寸。到清康熙、乾隆陆续颁发雨量器到国内各县和朝鲜。日本人和田雄治先后在大邱、仁川等地，发见乾隆庚寅年（公元 1770 年）所颁发给朝鲜的雨量器。高一尺，广八寸，并有标尺，以量雨之多少，均黄铜制。据我们所知道的，西洋到十七世纪才用雨量器。

（三）天气歌谣是气象学上一种感觉性的认识。天气现象要得到合理的解释，必须从感性阶段发展到理性阶段。如毛主席《实践论》所讲的“必须经过思考作用，将丰富的感觉材料，加以去粗取精，去伪存真，由此及彼，由表及里的改造制作工夫，造成概念及理论的系统”，这在古代的气象知识上尤其困难。因为在中国古代的封建社会里，皇帝的地位是代天行道的。所以一有水旱灾荒，皇帝便想用祈祷或是旁的作为去感应天变。东汉王充是第一个人指出这种唯心论的不可靠。他的《论衡·明雩篇》里，举了许多例子，他的结论论是“人不能以行感天，天亦不随行而应人”。雷、电、冰、雹是空中最可恐怖的一种现象，许多人以为空中的雷神或龙王在作怪。王充《论衡》里《云虚》《龙虚》两篇，完全把这类迷信说穿了。而且他把雷的起因亦说得合于近代的理论。他说：“雷者太阳之激气也，何以明之，正月阳动，故正月始雷。五月阳盛，故五月雷迅。秋冬阳衰，故秋冬雷潜。”王充是个彻底的唯物主义者，他这种革命主张，应该对于中国科学上建立一种发酵作用，和西洋十五世纪时代哥白尼的推翻太阳环绕地球学说一样。可惜他的非难孔孟的议论，不但见忌于封建帝王，而且得罪了当时的士大夫，所以他的学说一直没有被人重视。到了宋朝，气象学上的理论稍稍受到注意。北宋沈括是很留心天气预告的人。据《梦溪笔谈》里所讲，他的预告天气很精确，受到宋神宗的重视。他出外旅行五更即起，四望星月皎深，天无片云，才启程前行。到中午以前，即便住下。如此办法很少遇到风暴。到如今四川贵州各村镇的小客楼门前纸灯上家家写有“未晚先投宿，鸡鸣早看天”的对子，犹是沈括的遣风。沈括解释虹说：“虹，雨中日影也，日照雨，即有之”。可惜他那时不知道有折光、反射之理。比沈括稍后，南宋朱熹很留心云雨生成的道理。《朱子语录》说：“气蒸而为雨，如饭甑盖之，其气蒸郁而淋漓。气蒸而为雾，如饭甑不盖，其气散而不收。”这是很浅近的譬喻。一经说破，便觉浅近易知。正如地球绕日，现在妇孺皆知，但在古代那个时候的知识水平，要创立起来，这种解释是不容易的。

从明初到清末我国知识阶级受了八股文的劫难，对于气象学理论上就很少有独立的创作。西洋却在明朝末年因为伽利略和他们弟子发明了气温表与气压表，再加其他物理学上的重要发现，气象学慢慢建立成为自然科学。西洋人最早到中国做气象工作的，要算天主教士法国人哥比神父，他于乾隆八年（公元 1743 年）开始在北京做气象观测。其次则耶苏会教士阿弥倭于乾隆二十年到二十五年，在北京做过五年的观测，其结果统印行于《巴黎数理》杂志中。从道光二十一年（公元 1841 年）开始俄国数会在北京做有系统的气象观测。道光二十九年（公园 1849 年），帝俄中共科学院在俄国教会附近成立了地磁气象台。到同治六年（公元 1867 年），圣彼得堡科学院任命傅烈旭任北京地磁气象台台长。从此地磁气象台脱离俄国教会，而直辖于圣彼得堡科学院。傅烈旭留北京十六年，曾著有《东亚之气候》和《欧亚两洲之地磁》两文。傅烈旭于光绪九年（公元 1883 年）返国，以后此气象台缩小范围，以致于停顿。在华南西洋人所设气象台，以上海徐家汇为最早，成立于同治十二年（公元 1873 年）。光緖五年（公元 1879 年）7 月 31 日上海遭受台风的袭击，损失很大。上海租界工部局，得当时中国政府之允许，在沿江沿海一带设立气象站，报告天气于徐家汇。徐家汇气象台自 1876 年起，每年出版《气象地磁报告》。主持观测的神父，如劳积勋对于台风亦做了不少研究。但是因为英美帝国主义的侵略政策日甚一日，徐家汇便成为文化侵略的工具。1941 年，上海法工部局建立无线电台，开始以无线电与各地及海中轮船通报天气。1937 年 7 月，卢沟桥事变发生，不久华北沦陷。上海徐家汇仍与已经沦陷之保定石家庄两城市之天主教会通无线电报。经南京政府要求停止,而通报如故。到抗战胜利，上海祖界虽已收回，气象预报虽已正式停止，但徐家汇台仍有与私人通报之事。

气象工作是和经济建设、文化建设、国防建设三方面统有关的一种事业。过去一百多年来以英美为首的帝国主义为了经济侵略中国，利用中国海关的税收，在中国沿海岸的岛屿和沿长江的码头，建立了灯塔，攫夺了助航设备的管理权。自从上海徐家汇气象台成立以后，在英国人管辖下的海关和徐家汇气象台合作，在沿江各码头和沿海灯塔上建立气象站。并在徐家汇成立了一个气象预报机构。表面上虽说是为中国航业界服务，实质上是为太古、怡和等几个洋行轮船公司服务，是为帝国主义侵略政策服务。这种喧宾夺主、太阿倒持的办法，中国人民，尤其是近年来中国的气象工作人员，统视为奇耻大辱，必须收回自办的。比如前清时代的官僚政府，袁世凯时代的军阀政府，以及国民党时代的买办政府，统漠不关心于人民利益，置之于不问不闻。一直到 1949 年长江各埠和沿海各地解放以后，这些海岸的灯塔助航和气象设备，统归人民政府接收，由海关交归交通部。1950 年 12 月中国科学院会同中央气象局，接管了徐家汇气象台，终结了帝国主义在华的气象事业上的文化侵略。

选自《气象学报》，1951 年第 22 卷第 1 期

100

历史时代世界气候的波动

竺可桢

历史时代气候有没有变迁，这是一个争论很久的问题，不但历史学家对这问题有争论，天文学家和气象学家的意见也是很不一致的。从十九世纪到二十世纪初期，欧洲的若干天文学家、气象学家，如法国的阿拉哥、德国的芳汉认为：两三千年以来，欧亚大陆的气候根本没有什么变动。所以一个地方只要有三十年的记录，便可以认为这三十年的平均气温和雨量代表这一个地方历史时期的气温和雨量的标准状况了。可是近六十年来世界各处气象记录的积累，物候的变迁，使得这种不辩证不合理的气候一成不变论完全被推翻了。

二十世纪气候变暖问题，中央气象局局长涂长望 1961 年 1 月 26 日在《人民日报》发表的文章中已概括地讲述过了。这一问题不但引起欧美学报上的热烈讨论，而且也广泛地影响世界若干地区农、林、牧、渔、交通、经济上的改变。二十世纪气候变暖在高纬度尤为显著。苏联欧洲美晋河地区从十九世纪八十年代到二十世纪四十年代平均温度增加了 1.6 ℃，该区冻土带的北限，却向北推移了 40 千米。当挪威地理学家南生在 1893—1896 年往北极探险时，北冰洋冰厚有 365 厘米，到 1937—1940 年苏联西多夫至北冰洋时，同区域海冰的厚度只 218 厘米了。因海冰减薄，所以 1900 年以后北冰洋夏季航行时间从三个月增加到 1940 年以后的七个月。海冰的减少，不但有益于航行，而且也改变了邻近北冰洋区的动物群落，因而也影响到了人类社会经济生活。格陵兰岛的爱斯基摩人向来是以捕海豹为业的，但 1930 年以后海豹不来这个地区了，代之而来的却是大群鳘鱼，所以近三十年来爱斯基摩人便以捕鳘鱼为生了。

近五十到一百年来，世界上高山的冰川和雪线的退缩更是普遍现象，大冰川缩小了，小冰川不见了，雪线升高了。瑞典拉魄美的司托冰川，从 1922 到 1946 年容积减少了七千万立方米，中欧阿尔卑斯山上的柏林纳西冰川已消融得不见踪影了。北美洲阿拉斯加摩尔冰川在 1902—1946 年后退了 22 千米，即平均每年后退 500 米。东非洲赤道附近的刚野山（海拔 5200 米）上的冰川，从 1880 年以来减缩得如此迅速，以致山下的湖面下降，使撒哈拉沙漠每年向南侵占 1 千米之多。国际地球物理年苏联去南极的探险队也报告南极洲上冰川在退缩。

欧洲、非洲、北美洲、南极洲的冰川如此，亚洲也有同样现象。据十九世纪四十年代德国自然科学家洪保德的调查，那时喜马拉雅山（北纬 30° ～ 31° ）北坡上雪线的高度是 5067 米。但一年前，我国以史占春为首的登山队攀登珠穆朗玛峰时所测喜马拉雅山北坡雪线高度已上升到 5800 米。所以在这 120 年雪线已上升了 733 米。雪线上升，则草地线、森林线以至人类垦殖限度也可随之上升。近年来中国科学院冰川队和综合考察队队员在天山、祁连山、昆仑山、喜马拉雅山上，到处看到了冰川退缩的现象，天山腾格里山区木札特冰川在 50 年内（1909—1959 年），萎缩 750 米，而土格别里齐冰川和穷特连冰川在 16 年内（1942—1958 年）分别萎缩 1000 米和 2500 米。帕米尔的慕士塔格山西坡的冰川，根据 1956 年中苏混合登山队在该山好几处冰川前端设置的固定标记，于 1960 年重测结果，得知平均后退速度为每年 2.5 米到 3.7 米，当然在群山环绕地形复杂的区域中，许多冰川虽在退缩，个别的冰川也会有前进的现象。据 1949—1950 年欧洲 318 个冰川的调查，96% 是在退缩，0.5% 是固定，但也还有 3.5% 在前进。中国科学院冰川队在祁连山和天山所调查的冰川也有个别的在前进，但大多数均在衰退中。

近百年大陆上冰川的溶解使原来在大陆上冻结的水流入海洋，由此世界海面依据大西洋、地中海和波罗的海所测的海平面数字，已比一百年前提高了 10 厘米。若世界各大陆上所有的冰川包括南极洲在内悉数消融，据估计海平面将会提高 80 ～ 90 米，这将会使北京、上海、伦敦、纽约、列宁格勒等大城市陆沉在大海里。但是我们用不着为此而烦恼，作杞人忧天的想法，因为气候变动的规律，一直是作波浪式的前进、螺旋式的盘旋。在地质时代如此，在历史时代也是如此。在最近的地质时代，即第四纪时代里，欧洲和北美洲的北部都经过了四个冰川时期和四个间冰川时期。在第四纪时代中国有没有冰川，过去是一个争论的问题。但经过解放以来大规模的地质勘探和地理调查，证实了我国许多地区如华北、东北、华东以及天山、祁连山等地，有三个或更多的冰川和间冰川时期。在冰川时期气候要比现在冷得多，估计当时德国和法国的温度夏季平均要比现在冷 8 ℃，冬季冷 12 ℃。在间冰川时期，则气候和现代相似或比现时更温和。

C^{14} 同位素定岩石年龄技术的掌握，使我们有可能比较精密地定出第四纪时期沉积，如泥炭和化石的年龄。最近 O^{18} 同位素的应用，把这技术更深入一步，从此可以定出海中泥淤沉积时的海水的温度。用这种新方法所定出的第四纪时代冰川的年代比过去所估计的几乎缩短了一半，第一冰川时期离今三十万年至二十七万年，第二冰川时期离今二十万年至十八万年，第三冰川时期离今十三万年至十万年，第四冰川时期离今六万五千年至一万五千年。在冰川期极盛时代，海平面要比现在低几十米，赤道附近海水温度在 23 ℃左右。在间冰川时期，海平面高度与现时相近，赤道海水温度则为 28 ～ 29 ℃。在温带和亚热带地区，则冰川和间冰川时期的海水温度相差当更大。

从地质学家的眼光看来，我们现在还处在第四个间冰川时期。这一个时期，从一万年以前已经开始了，在这时期内气候仍然有波浪式的小起伏，不过起伏的幅度较小。在若干地区，从高山上冰川的进退、动植物种类的推移、沼泽湖泊的涨缩，以及历史时代文字的记载，也可得到近一万年来气候变迁的一个轮廓。瑞典、挪威和冰岛是对于近代冰川研究得比较仔细的地方。从研究结果知道，冰岛和斯堪的纳维亚半岛，岛上气候从一万年前冰川时期结束后到现在，以六千到三千年以前一段时期气候最为温和，称为黄金时期。那时滑忒纳卓尔山上雪线上升到海拔 1400 米。到离今二千五百年前，即公历 500 年前，雪线又降低到海拔五六百米。此后在罗马时代（0—400 年）曾有一度的好转，但不久又恶化；从 870—1200 年雪线又上升到 1100 米与现时期相等；此后天气又转冷，在十七世纪到十九世纪称为小冰川时期，为斯堪的纳维亚半岛冰川时期后最冷的时期。但近一百年来，则气候转暖，使山上雪线又回复到海拔 1100 米。换言之，斯堪的纳杂亚半岛的气候从冰川的进退可以推知过去二千五百年中有三个轮回，即相当于我国春秋战国时期、六朝至唐朝初叶和清初到道光年间三个时期气候是比现在冷，而两汉、中唐到北宋及明代三个时期，则和现在相仿。而春秋以前，则比现在更热。

八千年以来，西欧气候的变动和上述北欧情况是大同小异的。西欧的天气比较温和而潮湿，在冰川时期，冰川只覆盖了英国和西欧的北部，所以鉴定历史时代以前的气候，是以沼泽和土壤中所遗留的古代植物的种类为标志。在八千年以前西欧植被以桦、榆、赤杨为主，因此断定该时气候比现时干而温和，是为北部时期。在七千年至五千年以前产生大量泥炭，气候温和而潮湿，是为大西洋时期。在三四千年以前阔叶树如栎树已为针叶树的根所代替，气候转冷而干燥，是为亚北部时期：到二三千年前即周秦时代气候转冷而湿，山毛榉为代表植物，是为亚大西洋时代。以后即入西欧的历史时代。据古代欧洲文献所载的风暴、严冬和水旱灾荒的记录以及其他事物，英国勃落克司推定西欧在相当于我国战国时期、六朝、南宋和清初时期温度均较现时为低，两汉、唐宋与现时相仿，而在春秋以前则温度较现在为高。

列宁格勒地理所西尼特尼科夫教授对于俄罗斯古代气候做了不少工作，俄罗斯南部伏尔加河区常受干旱的威胁，他的工作主要在研究几千年来俄罗斯平原上湿度的变动，研究方法从查明苏联草原地区湖泊水面的升降入手。据西尼特尼科夫数年来研究的结果知道，俄国草原地区冰川期以后的气候也是循环起伏的，潮湿的时期出现于公元前五千年、三千六百年、六百年和公元后一千五百年，间隔以比较干燥的时期。燥湿相间的周期，短者 30 ～ 50 年，长者达 1800 年。从十五世纪以后，气候变得干燥，尤其是在十九世纪七十年代以后直至于今。列宁格勒水文气象局布钦斯基则从俄罗斯历史文献中搜集了公元八世纪至十九世纪关于干旱、水灾、冬寒、缺雪和大风暴的材料做了研究，表明俄罗斯平原上的气候也有循环起伏的现象。从十三世纪到十五世纪，气候转冷而灾荒也较多；十六世纪初期起，气候显得温和；十七世纪又变寒冷，十九世纪后半期到二十世纪，则温度又上升。

非洲埃及是世界上历史最悠久国家之一。地虽处于撒哈拉沙漠东部，但农产品却非常丰富，这是因为世界最长河流之一，尼罗河流经其地，每年夏天洪水带来淤泥足以肥田，水可以灌溉。尼罗河有两条大支流即白尼罗河和青尼罗河。白尼罗河起源于赤道的乌干达和苏丹，这是终年有雨的地方；青尼罗河起源于埃塞俄比亚，气候是季节性的，只有夏天从 6 月到 9 月下雨。从青尼罗和白尼罗二河汇合以后，向北到亚力山大港附近流入地中海有 2880 千米的路程，除一条支流外再没有支流流入尼罗河。尼罗河汛期起于 6 月，河水位上升，8、9 两月最高，到 10 月汛期即完。汛期以后，尼罗河的水全靠白尼罗河来维持，而一年中洪水的大小却靠青尼罗河发水的多少。因为自古以来埃及的农田灌溉面积全靠夏季发水的大小，所以历代均有记载，记着每年尼罗河最高的水位和最低的水位。从公元 641 年以后到 1480 年，这一个期间的记录还完全保存着，1480 年以后也保存着一部分。因为河流每年淤积泥沙，尼罗河的河底逐渐抬高，再加上灌溉用水各时代也不一致，所以要从水位记录来定各时代雨量的多少是有困难的。但是把每年最高水位和最低水位画成图表就可以看出两者均有周期性的升降，周期的长短从三十年至五十年。1955年开罗大学地理学教授霍柴英所著《撒哈拉—阿拉伯沙漠的气候植被变迁和人类的适应》一文中，曾经指出从历史以前时期直至公历纪元时期，阿拉伯和东部撒哈拉地区比目前潮湿，从纪元后三世纪到六世纪气候变得干燥。他引证了罗马时代在叙利亚沙漠边缘上所遗留的蓄水池众多，和若干当时山间小国的国都逐步向山上移动作为证据。

南北美洲因缺乏历史的记载，同时对于冰川的进退、河流的涨落也无长远的记录。关于人类历史时期气候的变动只有美国西部加利福尼亚州的大树水杉（俗称大树王）年轮的研究，足为参考。这水杉有很长生命可活至三千年，高可达100米，能生活于干燥半沙漠气候。他的生长的快慢对于雨量多少极为敏感，从这树里年轮的厚薄，可以定该区年雨量的丰歉。这一工作，在美国已进行四十多年之久，从科罗拉多河流域75株水杉的剖面测量得出如下的结论：在过去850年中十三世纪是相当干燥，而十四世纪却相当潮湿，与二十世纪初期1905—1929年这一期相似；十六世纪的最后25年极其干燥，尤甚于1900—1904年和1930—1936年两次大旱时期。在1670年以后，雨量有20～25年周期性的循环。美国也利用C^{14}同位素以定第四纪时代冰川最后退出大陆的年代。据测量结果，第四纪时代第四次冰川在离今三万五千年前得到最大发展，那时的海洋面要比现在低120米。七千年以前冰川始完全退出。

现在，我们回到亚洲谈谈我们的邻邦印度和日本在历史时期气候波动的情况。印度所处纬度比较低，半在热带之内，过去气候的波动大抵纬度愈高则愈大。如近百年来的变动，在北半球以北冰洋附近为最显著。在我国则波动的幅度东北大于华北、华北大于长江流域和华南。一到热带里和南半球，有时南北会有相反的趋势，如1880—1950年澳洲的夏天温度（南半球夏季是我们冬季）不但没有升高反而降低了。据近八九十年来印度各地的气象记录证明，近三十年来印度北部山区和西部沿海的温度比十九世纪末叶为高，而南部如马德拉斯地区则反较冷。雨量的记录也显示着同样的差别，北部山区和阿萨姆邦，西海岸均较十九世纪末叶为多，而南部的德干半岛则比十九世纪末减少。在雨量和温度的记录看来，印度有30～40年的起伏周期。印度虽富于经典，但其中已译成中文者罕少谈及气候。据《吠陀经》则古代气候分为三个时期，初期是凉爽而雨量平均，继以多雨时期，又继之以干旱时期。这时代在离今多久不能确定，估计在四千年到七千年以前。

日本历史上的气候，在唐以前很少物证，所以近来日本和达清夫等编辑的《日本之气候》

书中的《气候更动》一章，唐以前所举事实乃根据欧洲的情况。樱花是日本的国花，从九世纪以后在京都遗留着天皇或将军们当樱桃开花时设宴朝会日期的记录。这类记录经荒川秀俊的整理，把开花的日期改成公历，依公元各世纪国花开放的日期列成表 1。

如以樱桃开花作为春天到来的征象，则从表 1 数字可以看出日本京都在十一世纪到十四世纪春天到临时期较晚，而尤以十二世纪为甚，这正值我国南宋时代。荒川俊秀也把日本諏访湖从十五世纪中叶到二十世纪结冰时间长短做了研究，证明十六世纪初较为温和，自十六世纪中期以后变为寒冷，直至十八世纪中期，逐渐转暖以至于现代。

表 1　日本京都各世纪樱桃开花日期表

世纪	9	10	11	12	13	14	15	16	17	18	19	1917—1953 年
记录次数	7	14	5	4	8	12	30	31	10	0	5	36
开花日期（4 月）	11	12	18	24	15	18	13	18	12	—	12	7，14

注：二十世纪樱花初放平均日期是 4 月 7 日，但盛开是 4 月 14 日，所以表中列有二个日期。

同时，山本武夫在本会地方（日本长野西南部）采取了八百五十年龄的香柏做了年轮的研究，也证实在历史时期諏访湖的气候变动情况。从近百年日本有气候记录以来，日本气温以 1900 年左右为最低，以后即逐渐上升，尤以夏季为显著。但各区有其局部的地域性。至于日本岛周围的海平面，自冰河时期以来也有人认为已有显著的变动，名古屋大学矶木教授从地质学上的证据，说明在冰河时期日本沿海海平面在现在海平面以下 60 ～ 80 米，到六千年以前，在现在海平面下 10 ～ 15 米，三千年以前，在现在海平面下 3 米，到纪元后二百年，才达到现在的水平。

从上面所谈世界各国史前时期和历史时期的气候状况看来，气候变动是普遍性而且具有一定规律的波动，既不是一成不变，也不是作直线式的下降或上升。那么中国历史上气候是不是也有变动呢？这一问题我国古代的哲学家和文学家罕少加以注意。但也不乏人采取怀疑态度的，如元朝的金履祥（1232—1303 年）曾经考据我国中原周秦两汉时代所栽培经济植物，而作出论断以为古代要比元朝热。到清初大兴刘献廷（1648—1659 年）所著的《广阳杂记》中，也提到他曾经搜罗了古今南北花开季节，来比较历史时代气候的温凉，可惜这一材料早已遗失了。到近代这一问题虽会有人研究过，但发表的文章是寥寥可数的。三十年前，现在四川大学执教的蒙文通教授曾经在《史学杂志》和《禹贡》半月刊上发表过几篇文章，试图证明古代黄河流域的气候如现代长江流域。同时，现在北京考古研究所的胡厚宣教授用殷墟的材料写了《气候变迁与殷代气候之检时》，企图证明安阳在三千年以前的气候要比现在为温和。最近福州师范学院文焕然教授著的《秦汉时代黄河中下游气候研究》一书，从他搜集的事实来证明秦汉时代黄河中下游气候并无与今不同之处。只要知道气候变动的规律是作波浪的起伏，在地质时代如此，在历史年代也是如此，那么秦汉时代黄河流域气候与今相似，而殷周时代却比现在为温和，两者之间并无矛盾，而且与上述欧洲的气候变动相比，也是大致符合的。气候波动的周期是相当复杂的。实际波动的周期可以从 2 ～ 3 年，11 年，30 ～ 50 年，80 年，150 以至 1800 年，波动周期愈长则起伏的幅度也愈大，因此气候的变动并不如想象那么简单。

作者在三十年前也会把我国历史上关内十八省水灾、旱灾的记载做了一番统计，做出初步结论，认为从三国到唐初（第四世纪到七世纪）比较干旱，南宋和元朝（十二世纪和一四世纪）比较潮湿，到明代（十五世纪）又变干旱。又从南宋时代（1131—1260 年）首都杭州的春天下雪日期和二十世纪二十年代相比而得出结论，那时杭州的春天最后一次下雪日期要比现在迟三星期，因而温度可能要比二十世纪初低 1 ℃。这一设想是和近年来日本荒川秀俊所发表京都春天樱花开花的日期在十二世纪特别延迟是符合的。我国宋元时代冬季特别寒冷，从历史上所记载的那时冰雪灾荒次数特别多也可窥一斑，而且这一事实也在欧洲的文献中显示出来（表 2）。

表 2　中国和欧洲各世纪的严寒冬季次数

世纪	6	7	8	9	10	11	12	13	14	15	16
中国严冬数目	19	11	9	19	11	16	24	25	35	10	14
欧洲严冬数目	—	—	—	11	11	16	25	26	24	20	24

在此应提出一个问题，就是我们史书所载的大旱、大水、严寒、风雪的记载是否可靠？有否因为要企图减免捐税，骗取恤款而扩大灾荒的次数和严重性？当然个别的例子一定是有的，我们对历史上的记载应当给以批判式的选择。但是有人以为我们历史上灾荒次数和人口统计等等是“一笔糊涂账”，那就不免埋没了我们历史记裁的重要性了。这样的态度至少说是不够严肃。实际我们历史上灾异的记录上下二千多年，赓续不绝，不但可作今日科学研究的宝贵材料，而且对目前我国的社会主义建设也可起作用的。解放以后，我国历史上地震材料，经整理后已经成为我们各地区重工业建设必不可缺少的一种基本资料了。历史上天文气象的许多记录，也只有我国最为完备。当 1682 年哈雷彗星出现时，英国天文学家哈雷计算其轨道与 1607 年和

1351 年的彗星轨道相似，因此推论这是同一彗星，其周期为 76 年 6 个月。但在欧洲历史记录上追踪这一彗星记录，只能到北宋初年（公历 989 年）为止，再早就残缺不全了。但是在我国历史上的彗星记录，这一持星却可追溯到秦始皇七年，即公历纪元前 240 年，不但每次哈雷彗星的出现均有记录，而且从所记的方位宿度，也可算出哈雷彗星轨道在汉朝与黄道交角和现在已相差 8 度之多。

我国历史文献中也蕴藏着很丰富的气候资料，正待我们去发掘。为了检查我国历史时期气候的波动，我们必须有方法来定出每一个时期气候的标准。我国古代既无温度表来定寒暑，雨量器虽在明朝时候广泛颁布，可是所有记录均未被保存下来。但我们却有一个无比利器：用物候记录来衡量古代气候。凡是经史子集以及古代热爱大自然，尤其与劳动人民相接近的诗人文士没有不歌颂物候的。在此我们不能不谈一谈什么叫“气”，什么叫“候”，什么叫“物候”。

我国古代统治阶级虽用阴历，古书上所谓夏正、殷正、周正，全是阴历。而我们劳动人民在他们工作中却是一直用阳历的，正因为在他们和自然作斗争中，他们不得不用阳历，凡是五谷的栽培收获，牲畜的交配生育，均是要与地球绕太阳周期而定，而与月亮无关。从老农看天的经验，在西周（公元前 1122—771 年）时期，我们已知道一年长 365 日，并测定了二至二分。到春秋初期（公元前 655 年左右），除春分、秋分、冬至、夏至而外又加了立春、立夏、立秋、立冬四个节气。到战国末期（公元前 247 年左右），便有二十四节气了。在逸周书写作时代已定出五日为一候，三候为一节或一气。这样一年便有七十二候。每一候而且定出时令的物候，如“惊蛰之日桃始华；又五日，仓庚鸣，又五日，鹰化为鸠”。当时劳动人民的动植物生态知识有限，鸠是候鸟，秋去春来，古人就以为一到春天鹰便化为鸠。像这样的错误是可理解的。但是他们的知识是从实践中得来，所定的时间是大致可靠。西欧到如今还只用二至二分，不分二十四节气。物候这一门科学到了十九世纪中叶方才创立起来。所以我们古代农民在识自然过程中的气候物候知识，远远走在同时期欧洲民族之前。

物候学并不是像一般人所想象那样，是为文人学士品花赏月而产生的，它是结合劳动人民生产的需要，积年累月所搜集的材料而建立起来，是在我国土产土生的一门知识。二十四节气成立以后，从农民的经验才知道即使在同一个节气，天气的寒温还是可以不同的，要讲究农时物候常比节气更可靠。农民看来，物候知识是农时的指南针。北魏贾思勰写的《齐民要术》是我国古代所遗留下来最系统化，最丰富的一部农业科学知识集成。在这书的第一章有这样几句话：“凡耕之本在于趋时……杏始花荣，辄耕轻土弱土，望杏花落、复耕”。贾思勰并把各种农作物操作的最好日子的物候写下了。到如今华北老农尚有“枣发芽，种棉花”的谚语，相传已数百年，直到农业八字宪法出来，大家破除迷信，才能定出早整地，早播种，早定苗的办法。但是物候仍然有它的用处，它是因地而异因时而异，在没有温度表和雨量器的时候，它可以把当时当地的综合气候表示出来。因此我们只要有历代的物候记录，便可以推想到当时其一地区的气候，所以对于研究古气候，以前的物候记录是一批极可宝贵的资料。

我们古代物候记录在哪里呢？经、史、子、集均有记载。唐宋以后的游记笔札更有不少宝贵资料。南宋朱熹跋吕祖谦日记云：“观其翻阅论著，固不以一日懈。至于气候之暄凉，草木之荣悴，亦必记焉”。唐宋的大诗人如杜工部、李太白、白居易、苏东坡、陆放翁所咏的诗，均以千计，其中不少是物候的材料。如白居易庐山大林寺诗：“人间四月芳菲尽，山寺桃花正盛开，长恨春归无觅处，不知转入此中来”，序中并有“时元和十二年四月九日乐天记”字样。我们知道诗人的所在地点和阴历年月日便可知道那时当地的物候。当然诗的艺术性是很高的，大诗人的吟咏更不能以普通尺寸来衡量。举例来说，杜工部古柏行“霜皮溜雨四十围，黛色参天二千尺”，已从艺术的眼光看大自然；李太白的名句“飞流直下三千丈，疑是银河落九天”，竟把自然当仙境来描写了。这样的艺术手法，我们固然要体会。但是古人咏物候的好诗，不但即景生情，而且放矢有的，无病的呻吟如何能成为好诗呢？我们可以举一个例来说明，从物候诗句可以作古今气候不同的征象。陆放翁老学庵笔记引杜工部诗，“南京（唐时南京在成都）犀浦道，四月熟黄梅，湛湛长江水，冥冥细雨来……”放翁指出杜甫此诗作于成都，但在南宋时代成都春天没有梅雨，要到秋天才有江南梅雨式的天气。因此他提出了疑问“岂古今气候有不同耶”？到如今看来只要春天长江的低气压带向西移几个经度，成都 4 月就下梅雨，这在长期的气候波动中完全是可能的。

要知道古今气候有无波动，不但须知道古代的物候，还必须知道现今各地的物候，物候的观测至今在我国还没有很好开展。它和农业气象不同，农业气象注意栽培作物的发展状况，而物候是记录一年四季动植物的萌动、蛰藏和水雪霜冻的开始和结束时期的。为了预告农时，物候和农业气象是具有同样重要性的。至于测定古代气候，那自然是另一个问题。

我们试以北京为例，来看一下物候是什么一回事，在农业上一年之计在于春，所以春天物候尤其重要（表 3）。当东风解冻，大地回春的时候，大自然好像从梦中苏醒过来，百花的开放，虫鸟的争鸣，按着一定的程序进行着，好像一部很合拍的进行曲，按一定的节奏开动起来。大自然好像是乐队指挥员，他的棒指到那里，花就得要放，鸟就得要鸣。北京的气候是大陆性

表 3　北京近十二年来春天物候表

月 / 日	1950	1951	1952	1953	1954	1955	1956	1957	1958	1959	1960	1961
北海解冻			3/16	3/10		3/15	3/29	3/24	3/18	2/24	2/29	3/3
山桃开花	3/26	3/28	4/1	3/24	3/29	4/6	4/6	4/6	4/2	3/23	3/24	3/19
杏树开花	4/1	4/6	4/4	4/5	4/5	4/8	4/12	4/13	4/6	3/27	3/31	3/26
苹果开花	4/11	4/14	4/11	4/13	4/13		4/14	4/19	4/14	4/3	4/3	4/2
海棠开花	4/13		4/18			4/22	4/27	4/23	4/23	4/12		4/7
燕 初 见	4/2L		4/14	4/23		4/12	4/20	4/23		4/19		4/19
飞 柳 絮	4/29		5/6	4/26	4/29	5/3	5/9	5/4	5/2	4/24		4/25
洋枕开花			5/10	5/9		5/6	5/14	5/9	5/12			5/3
子规初鸣			5/12	5/19	5/19		5/25	5/22	5/27		5/23	

注：表中观测对象，花木除杨桃外均在科学院院内和第一宿舍，苹果树于 1955 年因树荫蔽室内光线而砍去，代之以榆叶梅。其开花时节光后几乎同时。若干开花时间，由于观测不周，可能延误一二天 . 而候鸟初见、初鸣日期 匠在城内，可能也延迟若干日。作者常出差，记录有不少残缺，此表只能作为一个粗略的例子。

很强的，春天非常短促，好像是奏的快板。表 3 可比为十二年来北京春天大自然进行曲的曲谱，我们有了这一个粗略的曲谱就可以来衡量宋、元、明、清几代的北京气候调子的高低了。

从表 3 可以看出，就在这十二年中，北京春季的物候迟早大有差别，尤其是 1956 和 1957 两年物候特迟，而 1959 到 1961 年则特早。近三年的北海开冻要比 1956 和 1957 年早三星期到一个月，桃、杏、苹果、海棠以至柳絮近三年均比 1956、1957 年提早十天至两星期，惟燕子、子规（布谷）来的时期因其受全部飞奔过程上气候的影响，所以对一个地区的气候影响不大。春季花信的迟早，一般人以为是只受冬季和当时的温度影响。冬季温度虽是一个重要因素，此外如雪的厚薄、土壤湿度的多少、阳光的强弱和风力的大小，也会影响花信。如 1960 年北京冬天（1959 年 12 月和 1960 年 1—2 月的平均）和 1956 年冬天平均温度所差不多，而物候迟早相差悬殊。1955 年是近来我国长江以南最冷的冬季，两广地区冻死的经济作物为数甚大。浙东一带如衢州、黄岩所产柑、橘也受了冻害。衢州虽是比黄岩冬天温度低，但柑、橘的冻害却没有黄岩严重，后来推求柑、橘冻害的原因，才知道由于衢州那年冬天比黄岩雨量多，湿度高的缘故。

我们有了北京十二年的物候记载，好比有了一根小小的尺，可以衡量北京古代的物候。但是要比较古今的物候，我们必得首先注意物候标准的统一性，如月令所说“桃始花”的桃乃指今日的山桃花，而非桃、李同时开花的普通桃花。山桃开花在杏之前，而普通桃花的开花期乃在杏花之后，二者可相差三星期。其次，古代所用的阴历年、月、日必须变成阳历年、月、日。

我国古历乃是阴阳混用的。假使有人说“今天是阴历清明”那便是自相矛盾了。古书所载有时只有阴历的月份，像诗经豳风里所说“八月剥枣，十月获稻”，虽是谈物候的诗句，但是从这两句要辨别那时物候比现在迟还是早仍有困难，因其所用是阴历。阴历和节气年年差别很大，如1961年清明在阴历2月20日，但是1960年清明却在3月11日，所以物候只能以阳历为标准。

北京是元、明、清三朝的首都，在这一个时期所造留下来的有不少日记、见闻录、诗文和奏章。解放以后历史、文学、水利、医、农各单位整理了各科遗产。北京附近考古方面大量的发掘，发现许多新事实。凡此，均可以作为历史时期气候和物候状况的资料。从道光二十一年（1841年）以来，俄罗斯教堂所设观象台已有气象记载。从近一百多年北京的气候记录，涂长望（前述文中）已做了总结，在此时气温虽有波动，起伏的幅度不大，但在十九世纪以前，北京的气候状况如何呢？欧洲在十七八世纪曾经过一个所谓“小冰川”的寒冷时期，这在北京的物候里得到反应了吗？我们试把十七世纪的后半期五十年作为一个例子，从古书上所记载的物候来定那时气候是否比今为寒冷？清朝初年一位爱国历史学家谈迁写了一本书《北游录》，从这本书中，我们知道他于顺治十年（1653年）阳历7月底从家乡杭州出发，由运河坐船到北京，于11月7日抵天津，到18日运河即封冻，他得改走陆路到北京。他在北京留到顺治十三年（1656年）的阳历3月。等到3月7日河冰开冻，他就坐船南返。我们若把上述冰封时期当一个季度算，那么封冻日期共110天。若把这个日期和近来京津运河封冻时期相比，就可显得出谈迁时代的冬天北运河冰封时期要比近十年华北最冷冬天，即1957年还要长（表4）。

在谈迁留京的两年半当中，他几乎每天做日记，但他所记的物候不多，只有三次到报国寺观赏西府海棠的记载。若把这些日期变成阳历同近十二年北京海棠开花日期相比，就要迟七、八天之多，可知那时北京春天花信比现在为迟。

谈迁日记里还提到顺治十一年（1654年）江浙冬天之冷。这年阳历11月吴江运河冰厚三

表4　京津大运河冰封时期

年份	开始结冰	全部解水	冰期
1955—1956	12月20日	3月18日	88天
1956—1957	12月7日	2月28日	83天
1957—1958	12月2日	3月6日	94天
1958—1959	12月27日	2月7日	42天
1653—1956	11月18日	3月7日	110天

注：表中近年数字取自吴思敬著《京杭大运河北段冬季冰情初步观测》，地理知识，1959年4月，161—164。

寸多，要轻舟募壮士凿冰，每天才能行 1.5 ～ 2 千米，从吴江直冻至嘉兴。阳历 11 月南运河冰封是历史上少有的。这时期长江流域天气之冷，我们也可以从十七世纪末叶叶梦珠所编的《阅世编》里找到证明。他写道“江西橘柚向为土产，不独山间广种以规利，即村落园圃、家户种之，以供宾客。自顺治十一年（1654 年）甲午冬严寒大冻，至春橘、柚、橙、柑之类尽槁。自是人家罕种,间有复种者每逢冬寒辄见枯萎。至康熙十五年（1676 年）丙辰十二月朔,奇寒凛冽，境内秋果无有存者，而种植之家遽以为戒矣。”江西橘、柑从唐到明，一直是贡品，每年要进贡给当时封建主享受的，而到十七世纪后半期，在二十多年中常被冻死，有两次遭毁灭性的冻害，使农户不敢再种。从此可知，十七世纪的后半世纪，我国北方与长江流域和欧洲一样是一个寒冷时期。

这寒冷时期在长江下游继续到什么时候呢？我们没有长期物候的记录是不能正确地回答这一问题的。但到十八世纪中叶，地理学者全祖望（1705—1755 年）所撰刘继庄（即刘献廷）传里还引了刘继庄（1648—1695 年）一段话“诸方七十二候各各不同，如岭南之梅十月已开，桃李腊月已开，而吴下梅开于惊蛰，桃李开于清明，相去若是之殊。今世所传七十二候，本诸月令，乃七国时中原之气候。今之中原与七国之中原不合，则历差为之。今于南北诸方细考其气候，取其核者详载之为一则，传之后世，则天地相应之变迁可以求其微矣。”从这几句话里就可以看出刘继庄不但知道物候的南北不同，而且也疑心到古今不同。他供给的物候资料，可给我们用来核对他那时代的物候和今日的先后异同。据民国中央研究院气象研究所所搜集的 1934—1936 年各农业试验场的报告，宛敏渭把全国那几年的物候做了图表，从这些图表可以看出苏州、无锡地区桃始花是在 3 月下旬，只有沿海一带在 4 月上旬。据个人在 1937、1948、1949 三年的记录，杭州梅花于雨水节已盛开，桃李于春分前后已盛开，南京只迟二三天。刘献廷原籍大兴，住苏州二十多年，他所说吴中物候，应可与今杭州南京相比。从此可知二十世纪三四十年代的花信要比刘献廷、全祖望时早十天或一个节气，又证明了十七世纪在长江下游是一个寒冷时期。从日本荒川秀俊所搜集五百年来日本中部诹访湖过冬不结冰的记录也同样证明十七世纪在东亚是寒冷的（表 5）。

表 5　日本诹访湖过冬不结冰各世纪中年数

世纪	15 下半	16 上半	16 下半	17 上半	17 下半	18 上半	18 下半	19 上半	19 下半	20 上半
过冬不结冰年数	1	10	1	0	1	6	3	6	7	5

以上所讲无非要指出用现今物候作指标，可以来衡量古代任何时代的物候和气候。对于清初可这样来衡量，对于唐、宋、元、明各代只要有文物材料，均可这样做。物候这门学问，在我国已有二千年的历史，它从生产实践中发展起来，它是因地而异，因时而异的一种现象。如一千三百多年前，贾思勰所定出的那样指标，在大办农业、大办粮食的今天，不能适用于全国。我们正应大兴调查研究之风，以丰产为目的，以八字宪法为依据，来定出各地区各类农作物新的指标。物候的观测，既不费人工，也不费钱，只要小小一块园地，作为种植指定的标准植物就可工作，对于农业八字宪法中的管理农时的“管”字可大有帮助。苏联从卫国战争以后，由全苏地理学会主持已组织了全国物候网，到 1955 年已有五百多正式观测员记录各地的物候。而个别自愿的物候观测报告员则达二万三千个之多，我国的农业气候站如能带做物候的工作，则是轻而易举可收事半功倍之效。

最后谈谈世界气候波动的原因。地质时代气候波动的原因，尤其是冰川时期和间冰川时期的交互更易，一百多年以前已引起天文学家，地质学家和气象学家的重大兴趣和剧烈的辩论。有主张地球南北极可随时间而移动的，凡是靠近南北极的地区就发生冰川现象；有主张大陆可以漂流的，漂向赤道就变热，漂向两极就变冷；有主张火山大爆发时，火山灰满布空中，可以造成冰川；有主张近来工业兴盛，空中 CO_2 增多，使温度增高；也有主张因为太阳辐射本身变化所引起。直到现时虽尚没有结论，但许多科学家多相信地球上气候的波动是和太阳辐射强弱有关系。首先地球上春、夏、秋、冬四季的轮回，寒、温、热三带的分别，均是因为太阳辐射有强弱的缘故。过去以为太阳辐射可以太阳常数来衡量，从十九世纪末到二十世纪初，几十年中常数变动很少，即每平方厘米每分钟 1.9 卡。但太阳黑子、光斑、日珥等的多少，象征着太阳的活动，却有十一年的周期变化，大气中的磁暴，北极光和游离层（电离层）均与之有关。黑子多时则磁暴与北极光也多，而游离层发生扰动。至二十世纪三十年代发现无线电接收与磁暴有关，天文学家和地球物理学家才注意研究这一问题，此后不久，发现当太阳活动大时，紫外光和微粒子辐射大量增加，磁暴和极光由于微粒子的活动而产生，游离层的扰动则由于紫外层光线的活动而产生。近年来，大量火箭在高层空气的探测增加了，我们对于日地关系的知识，从 1957 年国际合作进行地球物理年以来，所搜集材料更为丰富。当太阳黑斑多时，地面上空游离层骚动加多，其下的臭氧层期吸收大量紫外光线，因之高空的同温层（平流层）温度可以骤然增高而影响到大气环流。大气环流的改变再影响到地面上温度和雨量的分布。所以太阳辐射和地面气候的关系是非常复杂的。

太阳辐射十一年周期对地面上气候影响结果如何呢？从各处的报告知道这影响并不一致。据初步统计结果，太阳黑子多时，地球上的雷雨风暴也多，在赤道上，黑子多时雨量大，非洲赤道附近的各大湖湖面在太阳黑子最多年要比黑子最少年平均高 1 米。美洲西部干燥地区的大树年轮在黑子多的年长得厚，黑子少的年长得薄，把大树砍倒从树身的横剖面年轮的厚薄可以看出十一年的周期。以温度而论，在热带和亚寒带黑子最多年的年平均要比黑子最少的年低 1 ℃。二十世纪以来北京在黑子最高年，冬天多严寒，如 1957、1947、1936 和 1917 年；而我国历史上黑子东汉元帝永光元年（公元前 43 年）起即有记载，从公元以后直到明末崇祯，共计 109 次。极光的记录历代亦继续不绝，见于史书，最早在汉成帝建始元年（公元前 32 年），根据中国科学院自然科学史研究室的统计，从汉成帝到清咸丰三年（公元前 32—1853 年）共计 134 次。兹将公历纪元以来各世纪中国史书上所载有太阳黑子与极光次数列表如表 6。

表 6　中国史书所计各世纪日斑和极光次数

世纪	2	3	4	5	6	7	8	9	10	11	12	13	14	15	16	17	18	19
日斑次数	2	1	21	2	12	0	0	9	2	5	28	7	19	0	1	0	0	0
极光次数	1	1	3	4	6	1	9	6	4	22	30	9	15	0	7	7	4	1

从表中可以看出，黑子记录最多是在第四世纪、第六世纪、第九世纪、第十二世纪和第十四世纪。若与表 2 各世纪严寒冬季次数相比，则除第四世纪冬寒缺材料外，凡是黑子记录多的世纪，也为我国历来严冬多的世纪。近来中国科学院地球物理研究所研究北京近九年来冬季特冷天气和特暖天气的过程中，发现这过程和大气环流有关。当上空纬向环流（即东西环流）占优势时，则北京冬季特暖天气多；若经向环流（南北向环流）占优势时，则特冷天气机会大。同时，当太阳活动力强时，地球上发生磁暴，不久以后，欧亚两洲上的阻塞高气压产生，因而造成一个时期的经向环流。若这个关系是经常的，那末可以解释为什么太阳黑子多时北京冬天要冷。但美国的维略特用北美洲气象资料研究同一问题，却得出相反的结果，认为上空的纬向环流使中纬度天气严寒，足以造成冰川时期，而经向环流则造成间冰川时期。这类学术上的矛盾，因太阳影响地球天气的机制尚未查明，仍有待深入研究方能解决。总之，太阳离地球虽有一亿五千万千米之遥，但阳光射达地球只要八分钟，微粒子流也只要一天到三天。自从利用火箭和人造卫星观测高空以后，知道太阳的紫外光与粒子流本身的强弱，短期内可有数倍到数十倍的变动，此等变动与我们的天气息息相关。日地关系的研究乃是新产生的一个边缘科学，介于天

文学和地球物理学之间。天文学的许多新发现，将可利用为人类直接服务，如做长期天气预告和解释天气周期性的波动。而地球上过去气候的变动，包括地质时期和历史时期，也可以作为太阳几十亿年很长生命中发展过程的注脚。气候的波动无论是温度的高低，或雨量的多少，均会对农业生产起很大影响。近两年来华北的干旱即其一例。国际大地测量与地球物理学会和世界气象组织将于今年 10 月初旬在意大利罗马召开会议，讨论世界气候变迁问题，而尤注重于历史时代，即近二三千年内时期的气候变迁。其目的在于利用近年来所发现的科学方法，来摸出一个气候波动的规律，以预防灾害性的气候。

总之，古气候的研究不但对于生物进化、地层变迁、土壤发育有密切关系，即对于农、林、牧、渔各项生产问题也并不是漠不相关的，而是值得我们注意的一门科学。

选自《气象学报》，1962 年第 34 卷第 4 期

论我国的气象站中期天气预报

陶诗言

最近我和叶笃正同志到四川看了几个县站的补充订正中期天气预报，学到了不少东西。县站的补充订正天气预报已经有好几年历史。过去从一些文件里知道县站天气预报是怎么一回事，但这些认识都是间接的，所以在头脑里的印象并不很深。这一次亲自下去体验，向观测员同志们学习了县站的中期天气预报方法，才对县站的中期天气预报有了较深刻的认识.

四川的县站中期天气预报方法，都是根据当地天气和气候的特点，围绕农业生产（尤其是农事关键时刻）对气象预报的要求，制作出好多套模式（或称指标）。四川的大多数县站目前都备有春播、双抢、汛期和三秋时期的重要天气过程中期天气预报模式。这些模式是收集当地的群众经验作基础，并对本站过去历史资料进行分析而建立起来的，预报的效果很好。以四川的江津县气象站来说，1965 年 3—6 月共出现对农事活动有影响的重要天气过程九次，用他们的模式抓住了六次，漏报一次。在同时期内，他们用模式作了十九次预报，有十五次报对，四次放了空炮。又如仁寿县的气象站在 1965 年 4—7 月共出现十五次中雨以上过程，用他们的模式管住十四次，漏报一次。在同时期内他们用模式作了二十一次预报，报准十五次，有六次空炮。平武县气象站在 1965 年的春播中期预报中，四次适宜春播时段，全部被他们的模式抓住。我们在江津和平武学习的期间，都遇上他们发布一次中期降水预报，这两次预报都报对，这给我的印象最深刻。我在四川省气象局看到了四川其他一些气象站送来的中期天气预报改革材料，知道各县的中期天气预报方法思路大体上相同。从这次在桂林召开的全国补充订正天气预报学术会上各省的文件来看，全国各地都普遍在搞。这是天气预报历史上的一次大革命。因为它不仅打破了气象站只做观测和发报的框框，而且县站的预报一般比起大台对该地所做的预报更准。我们曾经拿上面所提到的江津、仁寿和平武等站由模式所做出的预报结果和成都中心台对各地的预报结果相比较，发现相差甚远。这个事实说明了“天气预报大、中、小结合，以小为主”这条方针的正确性。

这些模式或指标绝大多数是以当地群众经验为基础，通过气象资料的验证和分析，最后概括成少数几条预报指标。在预报的时候，如果满足这些指标，则在未来四五天以后（或更长时期以后）有某一类天气过程出现。县站的气象员普遍反映，以群众经验作基础所建立起来的预报指标比起光凭资料分析所整理出来的预报模式在实际预报中更有用。前者的预报指标比较少，而后者却往往包含好多条指标，在使用时比较不容易套上，很可能在群众的经验中已经掌握了对未来某种中期天气过程起主导作用的矛盾。

四川省县站中期天气预报模式的制作方法是相当严格的．在验证了群众经验以后，先选择一些预报因子，把单独各个因子和预报量填在一张相关表上，判断它们之间是否有明显的相关，由此决定选取哪几个预报因子．然后把这几个指标组合起来分析，求出在各个预报因子那一个范围内，可以概括过去的预报量的个例 80% 以上，这样就求出了最后的预报指标。这种做法合乎概率论和数理统计学的原则。因为对某一种天气过程一般至少备有两个或几个模式，因此第一个模式虽只管住 80%，有 20% 被漏掉，但第二个模式可能对这 20% 管住一部分．所以有了二至三个模式，大体上可以管住某类天气过程的过去全部个例，有了这套中期天气预报模式以后，县站有了自己的预报依据，不再像过去那样完全依赖大台的预报。气象员对我说，现在他们在做中期天气预报时有了自己的发言权。在过去由于缺少自己的预报依据，县站在做中期天气预报时往往跟着大台转。大台报错了，下面也跟着错。现在却不然，气象员经过综合判断以后，如果认为自己的预报比大台的预报更合理，他可以不考虑大台的预报，而采用自己的预报。重庆沙坪坝气象站一位年轻的气象员同志对我说，今年春季重庆专区台对一次收割期的中期天气预报和他们从模式所做出的预报相矛盾。他们经过仔细判断，最后下决心根据自己的意见去发布预报。结果他们抓住了这次农事关键时刻的中期天气预报.这两个站相距不到十千米，一般省台预报的范围更广，更不容易抓住相距较远的某个县站的具体天气预报。如果气象站没有一套中期天气预报方法来订正，预报的服务工作是不容易做好的。

大多数县站的预报模式都是依据当地的材料。这有一个好处，将来万一收不到大台的预报，或者和邻县电讯断绝的条件下，他们仍可以做出预报。

县站在制作中期天气预报的时候，他们主要从三个方面的依据进行分析和判断。第一个依据是上面所讲的各套模式，第二是从本站过去的资料中（县站管它叫天气日历卡片）找出一个或几个相似个例，第三是收听到气象台（包括省台和专台）的预报。他们对这三个方面进行了综合的判断，尤其是遇见这三方面不一致的时候，更是仔细考虑，分辨哪个依据最合理，最后才下预报的决心。如果是短期天气预报，他们的预报工具更多，拿四川的县站来说一般有 5 种工具 :（1）简易天气图（就是从收听大台广播所绘出的图）。（2）重要天气过程的预报指标（或点聚图）。（3）本站的天气日历卡片（用于找相似）。（4）当地的天气气候统计图表（例如，本站汛期各月暴雨次数和出现日期的统计材料）。（5）农谚和物象。由于他们在做预报的时候比较全面地看问题，考虑了多方面的联系，研究了一切方面，这就使他们减少了做预报时思想上的片面性，因此他们的预报一般比较准确。

中期天气预报（尤其是云和降水等天气现象的预报），在今后相当长的一段时期内，主要靠预报员的综合判断，形势预报只提供我们做天气预报的背景，它不能解决具体的细节，况且形势预报有时候会报不准，尤其在关键性时刻，一般也是形势预报最难报准的时候。所以预报员还要从指标和找相似个例这两个途径去寻找预报的依据。从县站在做中期天气预报时所考虑的方面来看，他们已尽可能做到了综合判断的要求。

当然目前县站的中期天气预报模式法，是处在刚建立的阶段，这些模式需要通过今后的实践不断改进和提高。有些气象员对我说，他们在预报时遇上连垮两三次，往往对模式失去信心。我认为问题在于指标没有抓对，走的路却没有错。由于目前建立模式所依据的个例比较少一般不超过 20 个，如预报因子也没有找对，在实际使用会报错这是可以预期的。只要每经过一年的预报，增加一批个例，对模式作一次改进。经过这样的几次反复，模式准确性便不断提高。目前的模式还会有漏报，很可能漏报的一两次正是最严重的灾害性天气，今后对模式的改进，要求消灭漏报,尽量减少空炮。四川省准备在今冬（1965 年）对现有的县站各种模式进行一次改进，他们希望消灭漏报，减少空炮。经过这次改进，我相信明年的中期天气预报会比今年更准。

县站的气象员在建立中期天气预报的模式过程中，对当地的天气谚语作了深入的研究。这是我国气象战线上的一项大规模群众性的科学实验。通过这类研究，使得千百年来当地群众的看天经验更加系统化，并抽出其中的精华，这将会大大丰富我国天气学的内容。例如，四川平武气象站对“天上钩钩云，地上雨淋淋”这条天气谚语，进行了仔细的研究。他们发现卷云连续出现 2 ～ 3 天以后，会有一次降水 . 他们验证了 312 次，其中有 280 次合乎这个情况，相对频率达到 90%。广西容县对类似的谚语“日晕长（涨）江水”进行研究，也发现卷云出现三天以后有一次降水过程机率最高。在一般天气学教科书中讲到跟低压系统相联，卷云一般出现在低压中心前面 600 ～ 800 千米处，因此一般 1 ～ 2 天就可能有降水出现，这是中纬度（可能是西欧）的情况，对我国西南地区便不一定合适了。通过平武等站的研究，我们得到西南各省卷云和低压系统关系的模式。这不是打破了一般天气学教科书上的框框吗！又例如，平武气候站对“公鸡提前叫，降水就要到”这条农谚进行了研究，他们作了较长时期的观察。发现鸡在清晨比上一天提前一小时左右叫，未来 24 小时有雨，机率可达到 228/252=90%。我在平武的时候，他们曾用这条农谚做了未来 24 小时有雨的预报，因为值大夜班的同志观察到当天鸡叫比前一天早 45 分钟，这次预报很准。公鸡提前叫和未来 24 小时下雨的关系，目前虽然还无法知道，但如果继续深入研究，总可以研究出道理来。我认为我所看到的县站的一些总结，是有水平的。也认识到在县站的预报改革中有着天气学研究的广阔领域。我们不应该轻视这些总结，相反，应该向县站气象员学习，从他们那里开阔我们对天气学的眼界。

我们气象台的预报，经过这几年来的改革，有了不少改进。每一个气象台都有一套天流型，不少台站对大形势的演变也有模式（例如，四川省夏季中期天气预报的模式），这些工作都是从形势预报着手的。有些模式很灵，例如川东各专区台的 700 毫巴青（海）川（四川）高压一湘黔切线型，5—6 月报未来 3 ～ 5 天有一次中期降水过程是十拿九稳的，这些成绩应该肯定。然而，气象台的预报所考虑的方面却不及县站那么全面，预报依据主要是从形势的角度来考虑，指标和相似个例考虑比较少。形势预报固然很重要，今后仍需要继续提高，但气象台的预报应该像县站一样从多方面来考虑。从这个方面来看，县站已走在气象台的前面，当前的问题是气象台的预报员包括我在内如何更好地向县站学习，学习他们的革命精神，学习他们的预报方法。今年成都中心台每天向四川省 21 个县站要了他们的中期天气预报，作为中心台做四川省分片预报的依据之一，这种做法很好。怎样向县站气象员同志学习呢？这要我们深入实际，甘当小学生，我们搞大形势预报的人，不能报准单站的中期天气预报，县站的气象员却能报准，他们就是我们的老师。我们应该下去蹲点，和他们有共同的语言，这样才能在他们的帮助和启发下，提炼出重要的预报问题和预报思路，以便更进一步对气象台的预报进行改革。

气象台的预报员和我一样在学校里读了什么天气学和天气预报方法等课程，思想上受洋教条的束缚很大。目前的天气学教科书都是按照国外的传统来编写的，前面五分之四讲述大形势和种种天气系统，最后仅有五分之一才不着边际地讲了些怎样做预报。前面五分之四的内容并不是天气学的目的，而是一种手段。我们弄清楚大形势种种系统，为的是掌握它们的规律，以用来预报天气。在处理前面这部分的材料时，一般也不是怎样服务于预报的观点来讲述，所以前后两部分连贯性很差。学生毕业以后到工作岗位不会做预报，一切从头开始，这是个很大的浪费。由于大形势和天气系统的研究一般比实际的预报方法研究有规矩可循，并且前者的研究在目前大体上已有个体系。从这个体系中做推导，可以发现许多新的天气学问题。大多数天气工作者喜欢走这条捷径，至于从其中得出的新的天气学问题是否真能解决预报实践中的问题，或者是不是预报中的关键问题，他们却并不有兴趣，因此，目前天气学的理论和实践相脱离的现象是严重的。我们承认近年来形势预报（尤其是有了数值预报以后）有很大进展，但是怎样从形势过渡到预报具体天气，却一直是天气学没有解决的问题。我们做过几年预报的人都体会到即使形势完全报对，根据形势去做“在何地”“在何时”的具体预报却是个难关。看来，这个问题在目前不可能由什么天气学和天气预报方法等文献所能解决。解决的途径是什么呢？我认为县站的中期天气预报改革为我们提供了一个样板。我们向县站学习，才能打破我们的洋框框，努力找寻气象台预报改革的道路。

最近，我国广大天气学工作者都在讨论天气学怎样走中国式的路子，并争取在第三个五年计划中写出中国式的天气学。什么是中国式的路子呢？我认为这是指我国天气学的研究应该立足于国内，要从我国社会主义建设的实际需要出发，用我们自己的力量解决我国社会主义建设所提出的天气预报问题。在解决实际问题的过程中，我们熟识了各种各样的天气现象，在这个基础上才能自己提出问题，才能通过进一步的研究设想出新的理论来说明这些现象，而且设想出来的理论又在预报的实践中受到检验。天气学研究走这条道路，我国天气学才有充沛的生命力，才能得出真正的天气学理论。天气学研究走这条道路才能摆脱依附于外国，才不会专从外国文献上找问题，为外国人填缝补缺。我作为一个天气工作者，应该和大家一道在党的领导下参加到这一行列中去，为我国的天气预报改革工作贡献最大的力量。

选自《气象学报》，1966 年 3 月第 36 卷第 1 期

迎接气象科学的明天

唐万年

在历史的长河中，
十年哟，不过是浪花一闪。
然而在近代气象科学史上，
每一个十年却是那样的不平凡——
四十年代，气象雷达像把利剑刺向了天空；
五十年代，数值预报使预报领域地覆天翻；
六十年代，气象卫星腾空而起；
七十年代，实验气象蓬勃发展！
多么难忘的一个个十年，
多么壮观的一幅幅画卷！
它展示了人类卓越的才能，
它预报着气象科学繁荣的明天！
明天啊，探测技术会更加完善、自动！
明天啊，天气预报将更加定量、客观！
明天啊，大气的秘密将全部被揭开！
明天啊，人类要让风云听从召唤！
多么灿烂的明天，
多么美好的心愿！
汗水——将浇出这胜利的花朵，
心血——将迎来这幸福的明天！

选自《气象知识》，1981 年第 1 期

为振兴中华而献身的涂长望老师

谢义炳

今天，在涂长望先生逝世20周年的时候，我们纪念这样一位科学界的卓越人物，不要仅仅满足于回忆他的工作成果对中国和世界科学事业已经作出的贡献。在转折时期，历史人物对时代进程的意义，在其思想作风方面，也许比具体工作方面还要大。即使是后者，它们取决于思想作风的程度，也远远超过通常人们所认为的那样。

涂长望先生青年时代即倾心于进步事业，在英国学习期间与中国和英国的进步人士有广泛的联系。“一·二九”运动中，他仅暂时借聘在清华大学，却积极支持运动，是当时最受清华学生欢迎的两个左派教授之一。抗战时期，身居重庆，却只订阅新华日报。中华人民共和国成立后，受周总理的委托，肩负起建设我国气象业务系统的重担。国民经济恢复和第一个五年计划时期，在党领导下，他和同伴们披荆斩棘，建成了举世瞩目的我国气象观测网。“大跃进”的浮夸风中，他极力引导气象工作者的积极性向健康与合乎规律的方向发展。

涂长望先生出自英国气象学派，却介绍了挪威和美国气象学派的精华。他访问过美国，在资本主义的眼花缭乱的宣传中，却选择了轻型价廉的芬兰式探空仪，并组织人力加以改进。他不从事理论工作，却对大气运动的实质有透澈的洞察力，并与同辈的理论气象学家赵九章先生保持着密切的合作关系。他主持业务系统的工作，同时又对科学与教育系统的工作给以积极的支持。

涂长望先生深刻地理解到气象事业需要群众性的持续努力，他倾听和考虑后辈科学工作者的不同意见，并极力培养和支持后辈气象工作者的成长。

涂长望先生尊敬前辈科学家，但不受其拘束。他继承并批判、发展前辈科学家的成果，取得了当时历史条件下可能得到的最好收获。他的作品给人以一种清新的感觉。他的工作和作品很好地贯穿着辩证唯物主义和历史唯物主义这两个原则。

两千年封建文化灌输给人们的唯心论和形而上学，处处干扰着新生事物的进程。涂长望先生一生的成就和挫折，从一个侧面反映了中华人民共和国诞生前后进步事业的成就与挫折。我们现在纪念他，要学习他的远大理想和实事求是、尊重群众的优良作风，以及与传统旧习惯势力作持续斗争的英雄气魄。这样，社会主义现代化的进程将会比较顺利些，共产主义的明天也会来得早些。

编注：中国气象学会于 1982 年 6 月 9—10 日，在北京科学会堂举行纪念我国著名气象学家涂长望同志逝世 20 周年学术报告会，首都气象工作者 800 多人与会。本刊为此发表文章，以示纪念。

选自《气象知识》，1982 年第 3 期

杰出的气象学家罗斯贝

谢义炳

C.G. 罗斯贝（Rossby）1898 年生于瑞典，曾受教于 V. 皮叶克尼斯。1925 年以气象工作者的身份在美国天气局工作。由于不能见容于在位的官员，1927 年被美国天气局宣布为不受欢迎的人（Persone non grata），书面通报全国台站。但他对科学事业的热情和远见却受到美国以促进当时方兴未艾的航空事业为任务的哥根赫姆基金会（Danial Guggenheim Fund）的重视，他被任命为副研究员（Research Associate），兼任该基金会航空气象委员会主任。罗斯贝受命组织由旧金山到洛杉矶航空线所需要的地方台站网。加利福尼亚州气象局无视总局的书面通报，与罗斯贝密切合作，工作因之进展迅速。1928 年美国天气局为罗斯贝平反，并以他所建立的台站网为样板，推广到全国各航空线。同年，罗斯贝被聘任为麻省理工学院（MIT）副教授。他与助理教授威利特合作在 MIT 创设了比较完整的气象学课程，出版了《MIT 气象论文集》。该论文集是散装的不定期刊，印刷虽相当粗劣，但其新颖的学术思想却引起各国有识的气象学家的重视。后罗斯贝晋升为教授，并在该校成立了气象系。1939年美国天气局人事更动，罗斯贝由于取得美国国籍时间不长，不能被考虑为局长，而仅被任命为负责研究与发展工作的助理局长。为了提高美国天气局工作人员的质量，他先后协助纽约大学和加利福尼亚一洛杉矶大学成立气象系。1941年被芝加哥大学聘请为特级教授（Distinguish Service Professor），为该校当时仅有的三个特级教授之一，并创建了芝加哥大学气象系。1941年12月7日珍珠港事件后，主要在罗斯贝的促进和组织下，训练了几千名气象工作人员，从事战时各地台站网的建设。他本人足迹遍历全球热带地区，指导各地气象工作。1943年，他深感热带气象远别于中高纬度气象，因而促进了中美洲波多黎各大学热带气象研究所的建立。

1944年罗斯贝重组了美国气象学会，并创办美国气象学报。1946年与普林斯顿高等研究所的冯·诺伊曼合作，设计了预报研究计划，并在芝加哥大学开展广泛的大气环流研究（其中包括实验模拟）。

20世纪40年代末期，芝加哥大学气象系作为当时公认的国际气象中心，吸引了大量短期访问的气象学家和青年学生。当时的工作被誉为芝加哥学派。迄今，20世纪40年代末期仍被认为是芝加哥学派的黄金时代。

1948年，50岁的罗斯贝带着国际声誉返回瑞典定居，创建斯德哥尔摩大学国际气象研究中心。但仍兼任芝加哥大学气象系主任数年，并往返于芝加哥与斯德哥尔摩之间。1949年创建了瑞典地球物理学报（Tellus），并开创了现代大气化学的研究，还提出了海洋长期环流可能是大气长期变化的原因的观点。1957年因心脏病，卒于瑞典。

罗斯贝的基本学术思想是先解决大气运动场问题，气压场可以任其按与风场相互适应的关系自动调整。这是符合自然界只有物质和物质的运动这个自然哲学观点的。挪威学派把锋作为主要研究对象，高空急流可根据锋区水平温度梯度按热成风关系计算出来。罗斯贝则认为不如由运动场直接探索高空急流的成因，这个问题解决了，锋区温度场的问题也就迎刃而解了。这种学术思想上的根本分歧曾导致数年间相当激烈的辩论，结果是芝加哥派取代了挪威学派成为国际主流学派。

罗斯贝的代表作是长波理论，风场和气压场相互适应理论，能量频散等。他还推动了大气探测技术、数值预报与模拟、实验模拟和大气化学、海洋学等方面的工作。

罗斯贝热情奔放，兴趣广泛，善于在某一时间集中精力于一项工作，因此效率极高，气象界称之为“罗斯贝效率”。罗斯贝涉猎文史，谈吐文雅，并富于音乐修养，钢琴弹奏时，闻其声，观其形，有似行家。罗斯贝热爱体育，青年时期曾驾单帆游艇，环绕英国群岛，晚年也经常从事游泳锻炼。罗斯贝笃爱家庭，20 世纪 50 年代初期，他在夏威夷讲学期间，忽忆起其结婚纪念日，匆匆搭机赶回瑞典。途中转机时，遗失所有衣物。有人笑问："您为您的妻子带回什么礼物？"他答道："一束夏威夷鲜花（途中请飞行小姐保藏于冷冻室）和我自己！"

罗斯贝谱写了现代气象学的新篇章，其本人只见到其工作的初步成效。逝世后，国际气象界才逐步认识到其学术思想和个人品德的深远影响。美国气象学会尊之为"世界公民"，并为之设立美国气象学会的最高荣誉奖——罗斯贝奖。带有大英帝国遗风的、傲慢的英国气象学家们，在谈到罗斯贝时也流露出景仰的感情。苏联气象学家们也是如此。

"江山代有才人出，各领风骚数百年"。罗斯贝是物理学界的爱因斯坦，化学界的居里夫人式的人物。用中国语言，可以称他为"一代风流"。

选自《气象知识》，1986 年第 2 期

气候变化、干旱和沙漠化

章基嘉　殷显曦

干旱气候的发展和沙漠化

根据历史记载以及近年来的大量研究表明，地球上的气候既有长期变化，也有短期变化。在长期变化方面，近年来通过对湖泊水位、地层学和古生态学研究，化石中的花粉、沙丘范围的变化、近海地区的沉积物和南极冰冠中的尘埃浓度等研究，以及干旱和半干旱地区古气候资料的分析研究，说明在距今约 18000 年前的冰河期，季风微弱，地球的干旱程度较高，撒哈拉沙漠的南界也比现在更为偏南。而在距今 10000—5000 年间情况则相反，许多现今为干旱的地区，当时却草木茂密。在近 4000 年内，非洲气候出现明显变化，在目前沙漠的边缘地区雨量较多，一些湖泊的水位远比现在要高，范围比现在大，尼罗河的流量也较大，一些地区的气候比现在更加湿润。目前地球陆地面积的 1/4 处于沙漠或半沙漠状态，不适于人类的生产活动，与更远的年代相比，其干旱状况看来更类似于冰河期的情况。

在短期变化方面，近 50 年内，世界上许多地区，如萨海尔（Sahel）、印度西北部、巴西以及澳大利亚相继出现干旱气候或季风中断。在某些地区，干旱持续长达 10 年。近 40 年来一些干旱地区年降水量的变化很大，其变化系数（标准差 / 平均年降水量）大于 25%，而在沙漠地区高达 40%。在其些地区，年际变率除可能存在 2 ～ 3 年的韵律外，未发现有规则的变化；而在有些地区，存在着 10 年、20 年或 30 年的干旱重现周期。1969 年开始出现的萨海尔干旱在 1972 和 1973 年发展到最为严重，此期间世界上许多地区出现气候异常，严重地影响了人类的生产活动。近几年，非洲苏丹和埃塞俄比亚的干旱严重地影响了耕作区，造成了饥荒。肯尼亚、坦桑尼亚、马拉维和莫桑比克也出现了较严重的间断性干旱；巴西、澳大利亚连续遭受严重干旱，印度西北部和我国西部地区也出现严重的干旱。由此可见，近年来世界气候变化的主要特点是在许多干燥地区出现了持续的和严重的干旱，它已使这些地区的沙漠化问题日益严重。

沙漠化系指在脆弱的生态系统下，受人为过度的经济活动影响，生态平衡遭到破坏，使原来不是沙漠的地区出现了类似沙漠景观的变化，它是一种环境变化的过程，目前人们把它看作双重因素造成的结果，即人类活动对土地造成的压力，以及气候影响使情况更加恶化。

沙漠化的表现形式有多种，通常包括土壤的植被覆盖面积减少；地面对太阳辐射的反射能力增大，大量并且是持久性地丧失多年生植物，特别是茂密的灌木和树林；大面积的土壤侵蚀和枯竭。

从历史上看，沙漠化是早已存在的。自从人类发明了火以来就已开始对环境和气候造成了影响。特别是近数十年来，随着人口增长，掠夺式地利用自然资源，使沙漠化的发展日益严重。据联合国沙漠化会议资料，目前地球上已经受到和预计会受到沙漠化影响的地区，其面积可达 3800 万平方千米，在全世界 150 多个国家和地区中至少有 2/3 受到沙漠化影响，涉及全球 14% 以上的人口。其中有 5000 万～ 7800 万人已经直接因沙漠化而影响其生活。每年由于沙漠化而失去的土地达 600 万公顷，到公元 2000 年全世界将丧失 1/3 的耕地，沙漠化土地将扩大 20%。由此可见，沙漠化对人类的威胁是相当严重的。我国是世界上沙漠最多的国家之一，沙漠呈弧形绵亘于西北、华北和东北地区，南北宽 600 千米，东西长 4000 千米，面积有 71 万多平方千米。沙漠南面的草原带，则是我国严重的沙漠化地区。目前，我国北方已经沙漠化的土地有 17.6 万平方千米，此外还有半湿润及湿润地带风沙化土地 0.97 万平方千米，涉及华北平原及沿海各省的沙地，包括海南岛的西南部。在已沙漠化的土地中，有 41% 分布在东北三省西部、内蒙古东部及河北北部。有 32% 的沙漠化土地分布在内蒙古中部、陕西、晋北及宁夏等地。有 25% 的沙漠化土地分布在贺兰山、乌鞘岭以西的青、新、甘的干旱半干旱地带。根据 20 世纪 50 年代末和 70 年代末空中摄影的对比分析，沙漠化土地近 25 年增加 3.9 万平方千米，平均每年扩大 1560 平方千米。以此估计，如继续维持现有土地利用结构，不采取措施，则沙漠化将迅速蔓延，至公元 2000 年，将比目前增加 7.53 万平方千米。因此，对我国说来，沙漠化是一个亟须引起重视和采取措施进行治理的自然灾害问题，也是一个值得注意的生态环境问题。

气候干旱及沙漠化的成因

如何解释缓慢而显著的气候长期变化，议论最广泛的是地球轨道参数即地轴倾斜度、近日点及偏心率的变化，它们的综合影响会使太阳辐射随纬度的分布发生变化。近年来有许多数值试验在不同程度上成功地模拟了距今 18000 年前的冰河期气候。

当前，人们更关心的是如何解释干燥地区气候的短期变化。在这方面存在着两类不同的机制：一是全球联系，二是反馈机制。在全球联系方面，近来人们比较重视海洋状况的变化对全球大气环流振荡的影响。主要有南方涛动以及东太平洋的强厄尔尼诺现象。其次，干燥地区之所以出现持续性干旱尚在于反馈机制。主要的反馈机制包括：（1）土壤湿度和蒸腾，（2）地面反照率，（3）经圈方向的温度梯度、萨哈拉尘埃及 ITCZ（热带辐合带）的纬度。

根据赤道到极地、海洋到大陆的能量梯度的变化，至少可初步解释地球上干旱气候的变化和发展。但是大气中的尘埃、二氧化碳浓度的变化或是不同的海洋环流是否会通过正反馈机制使这些气候状态更加明显，尚有待进一步研究。至于 20 世纪在非洲萨哈拉附近、巴西、北美洲西部以及印度西北部和我国西部出现的巨大的气候变动，看来主要是自然原因造成的，但某些局部地区的反馈机制会使这种气候异常更加严重。

沙漠化的成因显然是与干旱气候密切相关的。因此，形成干旱气候的原因也是沙漠存在及沙漠化的原因。沙漠一般出现于哈特莱环流的下沉分支附近、山脉的背风一侧，以及缺乏水汽和致雨扰动的地区；而沙漠化则尚在很大程度上是人类过度利用自然资源，例如过度放牧、大片地砍伐森林，从而破坏生态平衡，使生态系统恶化的结果。人类在广大的干燥地区毁坏了植被，植被的丧失反过来使水分收支不平衡，土壤遭到风蚀，其结果就是沙漠化。世界上的许多地区，例如印度的拉贾斯坦、非洲的萨海尔、中东的黎巴嫩，以及我国的科尔沁草原等地区的沙漠化，均在很大程度上由于人为地改变了环境而导致地区性气候变化。有人估计，目前全世界已有 3.4×10^7 平方千米的旱地变成了沙漠，这是人类必须认真对待的问题。

气候与沙漠化的控制

如上所述，人类的一些活动会使局部气候条件恶化；相反，人类有计划地采取措施，也有可能改善局部气候。近来许多气候学家认为，20 世纪后叶进展越来越快的科学进步和技术革命已经使得通过人类审慎的干预，从而大规模改善气候有了实际上的可能性。例如有的科学家指出，通过“大地工程”（Geoengineering）大规模人工改良气候可能并不是太遥远的事了。周密的人工改良气候的理论和实践可以分作三大类。第一类是旨在通过大气的直接干预来改善天气或气候；第二类用人工设施改变河流流量、洋流或建立人工湖（水库）等使局部气候发生变化；第三类则是一些设想，建议在地球的陆地表面建造大地工程设施，使大气的热量和水分平衡发生局部性的或区域性的改变。

早在 20 世纪 30 年代，德国工程师 H. Sorgel 曾提出重建乍得湖的方案。如果在金沙萨附近的斯坦利乔治拦截刚果河，就能重新形成古老的乍得海，将会显著改善非洲气候。1959 年，T. Bergeron 曾建议通过把特别湿的空气引入大范围季风气流中，以达到增加北非苏丹—萨哈拉地区降水的目的。

许多科学家建议大规模地植树造林和种草，也是改善干旱气候的有效途径。有人认为，印度西北部和巴基斯坦上空浓密的局地性尘幕，是沙漠上空下沉气流发展的重要因素。通过大范围种草而形成适当的草被，就能够保护地面并减少大气中的尘埃含量，从而使温度降低、湿度和降水量增加，达到改善气候的目的。中国和人民共和国成立以来党和政府对全国范围尤其是干旱地区的植树造林，是非常重视的，许多地方成立了绿化委员会注重科学造林，从而取得较显著的成绩。

近年来我国气象工作者在干旱气候的研究方面做了许多有益的工作，例如 1984 年的全国干旱气候会议广泛地论述了我国干旱气候的形成、分布、预报，以及干旱地区气候资源的利用和治理问题。这对于我国抗御干旱和沙漠化具有一定的参考价值。

沙漠化的防治是自然抗御灾害的重要内容之一，已引起国际关注。1977 年联合国环境署召开了世界沙漠化会议，制定了防治沙漠化的行动纲领。1984 年联合国第 12 届环境理事会举行特别会议对 7 年来沙漠化现状及发展趋势和治理进展进行了评价，指出沙漠化仍是一个严重的环境问题，已从 1977 年时涉及全球人口 16% 的生活环境至 1983 年发展到 20%。由于沙漠化所造成的损失平均每年约为 260 亿美元，故沙漠化仍作为重要的环境问题应予优先考虑。近年来世界上许多国家围绕沙漠化这一严重事实，开展了关于沙漠化现状估计、沙漠化与生态变化、沙漠化监测与资源合理利用等方面的研究。我国近年来结合农业区划、国土整治、环境预测，对我国沙漠化的现状、发展趋势进行了系统研究，为我国沙漠化的防治工作提供了重要的根据。关于沙漠化的治理和控制，综合国内外的经验和研究结果主要包括以下方面：

1. 开源节流、涵养水源，提高自然降水的利用率。在干旱地区水是最宝贵的自然资源，它包括三个相互制约、相互补充的组成部分，即雨水、地下水和冰川水，它们具有不同的季节分布和运动过程，需要通过较充分的观测和调查，探索综合利用这三种水的最佳方案。

2. 在干旱荒漠地带，以绿洲为中心建立包括绿洲边缘乔灌结合的防沙林带、绿洲外围封沙育草、保护植被和绿洲内部护田林网相结合的防护体系。

3. 在草原或荒漠草原地带，除采取保护天然植被、封沙育草、合理放牧，以及沙丘表面栽植固沙植物、丘间营造片林等措施外，一般采用营造“绿带”的综合措施。

4. 在风沙危害严重的地区，要农林牧三者并重。在某些地区，林、牧的比重应适当增加，方能封沙育草、固定流沙，扩大植被覆盖度，促进生态环境的良性发展。

5. 根据干旱特点，发展旱作农业、选用耐旱品种、调整农业种植制度和种植方式，以及采用抗旱保墒的耕作技术，提高土壤的肥力和改善水分状况，重视精耕细作。同时，应充分重视干旱地区太阳能和风能的开发和利用，这也是使旱区植被少遭破坏的间接保证。

6. 人工气候工程将是抗御干旱，发展旱区农业生产的重要途径。随着科学技术的发展，目前各种类型的农业气候工程不但有了可能，而且具备日益普及的条件。

根据我国沙漠化的实际情况和研究工作的发展特点，“七五”期间我国沙漠化研究的重点将是农牧交错地区沙漠化整治模式的研究、首都及其周围地区沙漠化及风沙土地综合整治的研究、若干重大工程建设可能引起的沙漠化的预测及其防治研究，以及灌溉绿洲附近沙漠化整治研究。这些方面研究工作的成就将在我国沙漠化的防治工作中发挥重要作用。

节选自《科技通报》，1986 年第 8 期

认识气候变化 加强环境保护

章基嘉

每年3月23日都要举行世界气象日活动，这是为了纪念1950年的这一天世界气象组织公约生效。世界气象日活动每年都有一个主题，今年的主题是“我们赖以生存的地球大气”，其目的是增强人们对全球气候变化和环境保护问题的关注。

自1900年以来，世界工业产值约增长了20倍，而用于工业的矿物燃料的消耗量增加了30倍，使大气中二氧化碳的浓度增加了26%。二氧化碳是大气中一种主要的有温室效应的气体，它允许太阳光线穿过大气层到达地表，但截留了由地表向上返回太空的红外辐射，从而使地球表面变暖。这就是当代气候变暖的所谓温室效应的基本道理。活跃的温室气体有五类，除二氧化碳外，还有臭氧、甲烷、一氧化二氮和氟氯烃，它们的浓度都在上升。若以二氧化碳的辐射当量计算，这些温室气体的总和上升了53%。由于温室效应造成的地球辐射平衡的改变可以进行计算，直接的温度变化也可以推算出来。然而，地球气候系统不那么简单，它涉及许多反馈过程，有些是正的，使地球温度上升，气候变暖，有些是负的，使气候变冷。因而，对未来气候变化的估计，即使可以对未来温室气体浓度作出准确的预测，也是一项只有用功能很强的电子计算机对复杂的气候模式进行运算才能进行处理的科学研究工作。现在全世界有 20 来个气候模式小组，运算的结果是，当二氧化碳当量浓度加倍时，全球平均的平衡温度将增加 2 ～ 5 ℃，但越靠近极地，变暖愈强，特别是在北半球。至于降水的变化就不太一致了，尽管比较相同的意见认为，在全球范围内，由于温度升高，海水蒸发加速，降水将会增加，但北半球中纬度有可能变旱；热带气旋的强度也可能增加。科学家们指出，世界海洋对全球气候变化有明显的调控作用，可以使气候变暖推迟 50 ～ 100 年。如果把海洋引进气候系统形成大气和海洋相耦合的气候模式，那么当二氧化碳当量浓度加倍时（估计在 2030 年前后），由这种模式计算得到的气候“瞬时”变暖是 0.8 ～ 2 ℃，而气候变暖的平衡值将在几十年以后实现，可达到 1.5 ～ 4.5 ℃。政府间气候变化专门委员会不久前估计，假如按“照常排放率”增加温室气体的话，那么到 21 世纪末大约增温 3 ℃，变化范围估计在 2 ～ 5 ℃。

多数科学家认为，气候变暖引起海水热膨胀，大陆冰川和格林兰冰盖的融化，将导致全球平均海平面升高。根据最新的预测，当二氧化碳加倍后，全球平均海平面很可能上升 10 ～ 30 厘米，如果气候变暖一直继续到 2100 年，那么海平面升高可以达 1 米，这将会淹没孟加拉国 15％的国土，埃及大约 12% ～ 15％的可耕地，以及其他一些沿海低地和港湾，还将大大减少许多岛国（如马尔代夫、瓦努阿图等）的领土，并使这些地区更加容易遭受由于热带风暴引起的灾害性洪水的影响。

另一方面，世界人口由 1800 年的 10 亿增至今天的 50 多亿，人口数量的迅速增加，无疑增加了矿物燃料的消耗量，同时也引起了为农业或其他目的进行的森林砍伐和开垦耕地（全球原有的 60 亿公顷森林，目前只剩下 40 亿公顷），减少了由森林吸收的碳量，从而引起大气中二氧化碳的浓度增大，增加了土壤和农事活动中的甲烷排放量。农业还向大气释放具有长持续期的有毒杀虫剂。酸雨中的大部分硫酸来源于燃煤和燃油的工厂和发电厂排放的二氧化硫。大气中有毒的化学元素，如汞、铅大部分来源于工厂和交通工具的排放，并导致光化学雾中的氮氧化物从城市扩散到农村。

原来在大气中根本不存在，而由于制冷工业发展被制造出的氟氯烃，不仅是一种很强的温室气体，而且还是减少平流层臭氧的主要因素。臭氧浓度最大高度在 8 ～ 20 千米，形成一个覆盖地球的臭氧层，它限制了太阳有害紫外线到达地球表面，对地球生物起保护作用，因为太阳紫外线能引起皮肤癌，损坏眼睛，抑制人类的免疫系统，影响地球生态系统的生产能力，目前已有估计，臭氧减少1%可能引起皮肤癌的发病率增加3%。据最近评价，科学家们得出以下几点结论：①平流层臭氧减少。这是由于使用含有氯和溴的化学物质，可导致平流层臭氧大大减少。②南极臭氧洞。大量人工制造的氯化物和溴化物，是春季南极平流层臭氧大量减少的主要原因，前几年曾观测到南极平流层臭氧的最低值大约是正常值的40%，不过1989年又恢复到1987年的水平。③北半球的长期趋势。1969—1988年之间，冬季从北纬30°～60°的区域，测得的臭氧总量减少了3%～5%（即每10年减少1.8%～2.9%），夏季大约减少1%。

有证据表明，金属和有机化合物污染着大气，而大气又向水生系统、淡水、海洋、土壤、植物输送了大量的金属和有机污染物，例如聚氯联苯，完全是人造的化学物质，是从大气传输给海洋湖泊的，并在生物体内进行积累。人类食用这些被污染的生物，严重地影响身体健康。1985年对北极高地的布劳顿的儿童验血时，发现有63%的儿童血液中所含的聚氯联苯超过了卫生部门规定的安全指标，有些母亲的乳汁也受到污染，超过安全等级，这些有毒化学物质是经过特定的大气环流形式从欧洲和亚洲传播到北极地区去的。中美洲的农业工人由于不断地使用DDT（有机氯类杀虫剂），身上的平均剂量达到美国居民平均数的11倍，这是因为美国从1972年起已经禁止使用DDT。

酸雨会严重腐蚀建筑物，如雅典2000多年前建造的巴台农神庙，在过去50年里被腐蚀的程度比任何时候都厉害。酸性很强的雨雪在淡水湖泊中长期沉淀，当一个湖泊酸化时，生物群就逐渐消亡了。比如，胖头鱼和一些浮游生物在酸碱值达5.9时就可死亡。硅藻类生物对pH的变化特别敏感，在瑞典的加德舍纳斯湖，从1960年6～7的pH，因欧洲工业污染物的排放而迅速降至4.5。酸雨还能从土壤和岩石中沥滤出有害金属汞和镉，从而污染水资源。欧洲和北美东部濒临灭绝的森林大部分是由酸雨造成的。树木的叶子常常浸泡在云底的酸性“浴盆”里，小云滴的酸度为云中降落的大雨滴的10倍。这种酸性很强的云滴结合从山谷向上移动的含高浓度臭氧的气流，正是使瑞士和美国东部的阿迪朗达克在这个高度上许多森林死亡的原因。在瑞典4棵云杉或7棵松树中就有1棵因酸雨而损失了20%的针叶；法国、荷兰和卢森堡有50%的森林受到酸雨危害。

苏联切尔诺贝利核电站事故形成的放射性密集云随风飘移于斯堪的那维亚半岛，雨水将大量的放射性物质冲刷下来，传给了苔藓，而驯鹿吃了这种放射性的苔藓，使这地区居民消费的动物肉出现了极高的放射性成分。此外，西风环流运载了放射性微粒，传遍了北半球。空中污染物的飘流传播被称为“全球风的民主”，这是指世界上任一地区的污染物释放都会影响到我们大家。

综上所述，世界人口的迅速增加和人类在工业、农业等许多方面的活动，污染了大气和江河湖海，通过大气中温室气体浓度的增加，引起了全球气候变暖，而通过大气中某些有毒化学物质和金属的积累引起全球大气的化学突变，二个结合开始打乱地球长期建立起来的生态平衡，造成严重的环境问题。为了认识气候变暖和环境恶化问题，首先要进行监测，取得第一手资料，进行分析研究。近 20 多年来由世界组织协调，经过与其他国际学术组织的合作，已经建立和正在实施的主要国际计划有：世界天气监视网、全球大气监视网、世界气候计划、水文与水资源计划、全球大气化学计划和全球地圈与生物圈计划等。这些计划除提供气流运动，温度、湿度、降水、云和其他气象要素的基本信息外，还为了获取大气和降水的化学成分的变化，大气温室气体浓度变化、臭氧层和污染物以及大气气溶胶负荷变化等方面的资料，其目的都是为了认识大气和气候的变化，从气象的角度改善环境污染，维护地球生态平衡。

改善及至控制全球或大部区域性环境污染问题，显然需要国际合作。早在 1972 年在斯德哥尔摩召开的联合国环境大会就通过了各国有权开发自己的资源，但同时也有责任确保各自的活动不应当引起对其他国家环境污染的条款。1979 年欧洲经济委员会在日内瓦签定了《长距离过境空气污染公约》，要求欧洲和北美国家合作对长距离过境空气污染进行监测、研究、并采取适当措施。1985 年在赫尔辛基就公约进行了谈判，要求到 1993 年对二氧化硫的排放量减少到 1980 年的 30%，并缔结了第一个条约。1985 年在索非亚缔结了第二个控制氮氧化物排放量的条约，要求排放量不得超过 1987 年的排放量。1985 年在维也纳缔结了保护全球臭氧层的公约，目的是要促进对臭氧的科学测量，协调科研和交流信息。按照这个公约规定，1987 年在蒙特利尔缔结了控制破坏臭氧层的氟氯烃含量的条约，它是保护地球大气的第一个全球协定，要求到 1998 年对损害平流层的化学物质的生产和使用水平降低 50%。

1991 年集中精力主攻温室效应与气候变化问题，按照 1988 年联合国大会通过的《为当前与人类的子孙后代而保护全球气候》的 43、53 号决议等，世界气象组织与联合国环境署于 1991 年 2 月在华盛顿进行了政府间《气候变化框架公约》的谈判，希望能在 1992 年在巴西召开的联合国环境与发展大会上由绝大多数国家签署一个有实际影响的国际协议。必须指出，直到 20 世纪 80 年代，绝大多数二氧化碳的排放量来自发达国家，但发展中国家的排放量也在增加。因此，所有国家都应积极参加减少温室气体排放量的国际计划。降低二氧化碳排放量与三个因素有关，即 (1) 降低能源生产中碳的强度（比如提高利用水电、核电、太阳能、风能的比例和效率）(2) 改变经济活动中的能源强度（如降低单位产值的能耗），(3) 调整国民生产总值。在控制二氧化碳排放量时，要求降低国民总值是办不到的，尤其是对发展中国家，因为要提高国民生活水平，维持一定速度的增产是必要的，但是采用因素 (1) 和 (2) 是应该努力做到的。

必须认识到，即使作出极大努力减少温室气体排放，同时增加吸收二氧化碳的植被和森林面积，也不能很快扭转全球变暖的趋势，这是因为要大量减少二氧化碳的排放量是不现实的，同时也由于这些温室气体在大气中的滞留时间很长，如二氧化碳为 50 ～ 200 年，一氧化二氮为 150 年，氟利昂为 11 ～ 75 年。

因此，采取一些适应全球变暖的措施是很重要的。首先应当加强气候变化的监测和研究，以便能够提高气候预测的水平，使适应性措施和计划尽可能做到有效。此外还应采取其他适应性措施，如在低洼地段高筑堤坝以保证海滩不受淹，改良适应气候变暖的树种和农作物的品种，调整布局；改善水资源管理计划使其少受气候变化的影响。根据 1990—1999 年国际减灾十年计划，改善热带气旋、暴雨、洪水警报及其防御系统，这些适应性措施应当充分利用从几天到几个月的气象、水文预报才能更好地发挥作用。因此，气象工作者应该同其他相关学科的工作者通力合作，为国际减灾 10 年计划做出应有的贡献。

选自《中国气象报》，1991 年 3 月 18 日

不应忽视的低空水资源

高由禧　高玲

人们为了解决生活用水和工农业用水，常常采用挖井，抽地下水这一最便宜的方法；其次是用人工建堤筑坝、建水库拦蓄地表径流水的办法。但在干旱缺水地区，地下水、降水、地表水都少，上述办法难以解决用水问题。在空气湿度大，气温日变化大和雾资源丰富地区，从空气中取露水和从雾中取水可以解决人们生活用水，有时还可以供给一些工农业用水。下面简单介绍雾中取水的方法和经济效益以及在我国应用的可能前景。

加拿大的科学家做了这样的实验，在雾多、雾的含水量大、持续时间长，又有较明显盛行风的地方，在离地面 2 米处，将双层的有 1 平方毫米小孔眼的用尼龙布制成的网，架设在与气流方向垂直的地方。当雾团飘经尼龙布网时，其中 80％较大的雾滴被孔眼捕捉住，经碰并凝聚成大水滴顺尼龙布流到下端的水槽里，并通过水槽将水引入蓄水池中，再利用管道将水送到用水的地方。他们将 50 厘米 ×50 厘米、4 米 ×8 米、4 米 ×12 米、4 米 ×24 米等大小面积不同的捕雾网，架设在不同海拔高度、不同地形的坡向上做了各种实验 一个网阵里最多布置了 50 张网。以寻求最大集水量的布网方法。

他们在南美智利，沿海岸沙漠西侧面向太平洋雾移动通道的山口上架设捕雾网。这个地区冬季每天都有雾，其他季节有一半时间有雾。他们在冬季做了 14 天实验，用 4 米 ×12 米的捕雾网每天取得的水量，最多的一天取水 700 ～ 800 千克，最少的为零。14 天里平均每天每张网取水 237 千克。

在上述地区布呈 50 张 4 米 ×12 米的捕雾网，平均每天可取水 12000 千克，可为 450 人的乡村每天每人大约供 27 千克水。架设捕雾网、建立蓄水池和管道系统等，包括每 5 年更新一次所有设备的费用，平均一立方米水的成本为 3 美元。这个乡村过去用汽车从 60 千米以外拉水，平均每立方米水用 8 美元。而且从雾里取的水是很干净的，可以直接饮用，从远处拉来的水，水质比较差，还要经过净化处理，因此，用捕雾网取水比较便宜。

但是，各地雾的情况和地形条件不一样，雾中取水的成本和效益也就存在着一定的差异。因此，在进行大规模雾中取水时，应先对雾的情况和气象等条件进行了解。

在干旱地区，如甘肃省，春旱常较严重，春雨贵如油，人畜饮水经常发生困难，在这些地方，雾中取水的方法还是值得一试的。

对甘肃省来说，在一定高度范围内（在低云底高的范围内）的山区，雾日数是随海拔高度增加而增加的。例如华家峰（2450 米）一年有 150 天雾日，其他像环县（1255.1 米）、西峰镇（1421 米），年雾日在 40 天左右。我们推测，凡海拔高度在 2500 米以上的山地，像兴隆山、马衔山、六盘山、太子山和祁连山边缘等地区，雾日都不会少。由于地形差异、雾的特点不同，同样的集水方法效果也会不一样。但作为解决人畜饮水问题的方法，在雾的情况较好的时候还是可行的。

从全国来看，华中、华南一般不存在缺水问题，但在某些局部地区，春季尤其是春旱年缺水还是很明显的。而华南雾资源很丰富，如福建西部武夷山区年雾日在 100 天以上。其他如天目山区、庐山、湘西山区，青藏高原东麓边沿山地、滇桂边区等都有丰富雾资源，用捕雾集水的方法，不仅可以解决人畜饮水问题，还可以解决农业的部分用水问题。

在华北、西北地区，干旱现象比较严重。但根据观测资料，某些地区都有一定雾资源。在长白山、秦岭、子午岭、祁连山、天山、阿尔泰山、六盘山、青藏高原某些山区，特别是山的迎风面的山坡山口处，雾日一定比观测到的多得多。在这些地方进行雾中取水作业，效果会更好些。

空中取水除捕雾取水外，还可以从高湿度、气温日变化很大的空气中用人工造露的办法，开辟新的水资源。但这些方法成本较高，而且不能解决大量用水，尤其是工农业用水。不过，在干旱地区解决春旱时少量人畜饮水、点播用水以及人工气候室里少量用水还是很有价值的。

选自《气象知识》，1991 年第 3 期

联合国环境与发展大会民间活动侧记

丁一汇

今年6月1—14日在巴西里约热内卢市，举行第二次联合国环境与发展大会（UNCED）（简称“环发大会”）的同时，也举行了一系列非政府组织的活动即民间性质的会议，名为“环境与发展全球公民会议”（简称“全球论坛”）。其目的是保证社会各阶层有机会对环境和发展问题发表独立的见解，从而对“环发大会”施加影响，摆出环保中的问题并提出解决的办法。

目前各国政府和联合国已普遍认识到，解决环境和发展问题不仅需要各国政府积极参与，还需要社会各界和公众的广泛参加。根据此原则，联合国和巴西政府承认“全球论坛”（以下简称“论坛”）为“环发大会”的一个组成部分。出席这次“论坛”活动的共有152个国家的6000多个非政府组织15000多人，我国也派出了由21人组成的“人民与环境”代表团出席了里约的“论坛”活动。

里约位于巴西东南部，背山面海。700米高的耶稣山上，耸立着40米高的乳白色耶稣雕像，他张臂俯瞰全城。里约属亚热带季风性湿润气候，6月平均最高气温25.0℃，最低气温18.2℃。这正是深秋送爽，风光绚丽的季节。天空晴朗，海水蔚蓝，一幢幢风格别致的建筑隐现在绿树丛中。

“论坛”的大部分活动是在火烈鸟（Flamingo）公园的海滩和市里的48个会场内举行的。火烈鸟公园沿着海滩绵延2～3千米，在公园内专门搭建了一个个帐篷举办各种活动。共有36个大蓬，近700个展台，总面积为3.5万平方米。“论坛”期间每天约有15000人次与会。白天的“论坛”活动，有研讨会、报告会、座谈会、展览、咨询等，名目繁多，方式多样。公园里到处都是海报、大字报、小字报。人们摩肩接踵，气氛热烈。晚上举行各种文艺晚会，由巴西和国际明星演出，美国影星简·方达和歌星丹佛等都在文艺晚会上做了精彩的表演。

“论坛”的会议内容十分丰富。有由100多个著名人士和活动家组成的跨部门的“决策对话”会议，是由“我们共同的将来”这一团体组织的专门分析全球面临的环发重大问题。提出分析报告，提交“环发大会”，以影响“21世纪议程”的制定。在“环发大会”的“地球高峰会议”举行的同时，“论坛”也举行了“国会地球高峰会议”，巴西总统科罗尔和环发大会主席斯特朗、美国参议员戈尔等知名人士参加了此会。一些科学组织和机构也组织了有关会议，如瑞典科学院、斯德哥尔摩环境研究所等都组织了有科学内容和有价值的专题讨论会，讨论气候变化、保护臭氧层、能源政策等问题，其中较热门的一个话题还是气候变化。根据最新实验数据得出：二氧化碳对大气增温起到强化作用；但硫化物气溶胶则对大气有降冷作用，这是因为硫化物能阻挡太阳光线穿过大气层到达地表的隔热作用大于截留地表向上辐射红外线的保温作用，有可能减缓地球变暖。

中国代表团在“论坛”期间共举行四次专题报告会，内容有我国西藏的环保、我国的环保、我国野生动物保护以及我国科学事业的发展，普遍受到了听众的欢迎和关注。

“论坛”多种多样的活动充分显示了公众和社会组织与团体参加全球环境保护的决心和力量，与20年前第一次“环发大会”相比，公众和社会的环境意识已大幅增强。“论坛”的不少团体都提出：地球只有一个，大家都要关心它，至少要为今后几代，甚至十几代人留下一个干净的地球。在“论坛”开幕时，一条名叫“加西哥”（希腊女神）的船，装扮成“海盗船”载着五大洲的儿童代表徐徐驶入里约海湾，每个儿童向政府首脑宣读了自己的心愿：“我们只有一个地球，我们希望大家能安全地同我们的地球母亲生活下去。”

“论坛”虽是非政府组织举办的，但由于它吸引了数万人参加，影响很大，对于《21世纪议程》《气候变化框架公约》和《生物多样化条约》等文件的通过，起到了积极的推动作用。条约签署后，还有不少后续工作要做，除了增强全民的环境意识之外，还应该切实采取各种措施保护环境，这对全世界来说既是挑战，又是机遇。

选自《气象知识》，1992年第5期

100 气候与发展

邹竞蒙

“环境与发展”是当今世界的热点问题，实现经济与环境协调发展是人类为之奋斗的目标。今年6月，在巴西召开了“联合国环境与发展大会”，这表明了国际社会对“环境与发展”问题高度重视，必将有力促进全球环境的保护和社会经济的持续发展。

气候是自然环境中最活跃的组成部分，也是自然资源的重要组成部分，对人类活动的影响是全方位、多层次的。因此，在讨论“环境与发展”问题时，不能不给予“气候与发展”问题以特别的注意。

一、气候资源是人类社会经济发展的基础之一，充分而合理地开发利用气候资源和保护气候资源，有利于加速经济持续发展。

气候是自然资源的重要组成部分。气候资源诸要素中，大气降水是地球上水资源的主要来源；太阳能、风能是重要的再生清洁能源；光、热、水、气为农业提供了能量和物质。开发利用气候资源对经济发展有着难以估量的作用，还没有一个经济部门能离得开它。尤其主要还是“靠天吃饭”的农业，一地气候资源的分布往往决定了当地的农业生产类型和发展潜力。

我国气候资源开发利用的潜力还相当大。初步估算，我国近地面可供开发的风能储量约 2.2×10^4 亿千瓦小时，太阳能储量约 1.8×10^7 亿千瓦小时，分别相当于我国 1988 年可供电量的 4 倍和 2926 倍。我国东部地区农业气候生产潜力，由北向南，为 500 ～ 1750 千克 / 亩，当前大面积的农业单产只及其 20% ～ 40%，高产地区也仅 40% ～ 60%。

充分而合理地利用气候资源，可获取显著的经济效益。以农业为例，1949—1985 年，我国平均耕地面积为 15.373 亿亩，通过间、套、复种，每年实际播种面积达 21.963 亿亩。这增加了的 6.5 亿亩播种面积，就是通过提高气候资源、土地资源的利用率得到的。但是，开发利用气候资源不当也会诱发、加剧气候灾害，甚至导致气候资源破坏、环境恶化。例如在半干旱、干旱地区进行农垦或过度放牧，就导致了一些地区沙漠化。

为帮助经济部门充分而合理地利用气候资源，近 40 年来，我国气象工作者开展了多种有关气候资源的评价工作，如农业气候资源调查和农业气候区划、太阳能区划、风能区划、建筑气候区划等。这些工作为各经济部门制订发展规划和进行生产指挥、决策，为防灾抗灾等提供了科学依据，取得了良好的社会、经济和生态效益。如 20 世纪 80 年代中期进行全国农业气候资源调查和农业气候区划研究，对我国北方农牧过渡带的位置、旱作农业气候界线以及北部林业气候界线的论证，已为“三北”防护林地区农业区划和三北防护林建设规划的调整提供了重要参考，并在近年沙漠化防治工作中起了重要作用。近几年进行的我国亚热带丘陵山区农业气候资源及其合理利用研究，根据山区农业气候资源及农业气候灾害的分布特点，提出的发展多层次的立体农业、因地制宜建立名、特、优商品生产基地等建议，正在山区农业综合开发、科技扶贫等振兴山区经济的活动中发挥着积极作用。

目前，国家气象局及各级气象部门正从两个方面来强化气候资源管理，促进经济的持续发展。一是通过“细化”气候资源调查，建立气候资源信息库和开发利用决策支持系统，开展气候资源利用实验示范等，帮助各经济部门充分而合理地开发利用气候资源。二是与全社会一起，积极设法保护气候资源免遭破坏。人类对森林资源的冲击、对水资源的过度消耗、对大气的污染等，不仅直接危害了这些资源、恶化了环境，同时也会引起气候恶化而使气候资源遭到破坏。气象部门作为国家归口管理气候资源的单位，有责任通过组织开展对气候变化及其影响因子（如大气中温室气体含量的变化、酸雨、臭氧等）的监测，配合有关部门做好大型工程建设项目可能产生的气候效应的预测等项工作，以减少人类活动对自然气候的不利干预，保护气候资源。

二、气候灾害是经济发展的重大制约因素，加强对气候灾害的监测、预报能力，将减少灾害损失，对保障持续发展起积极作用。

气候灾害通常指那些给国民经济造成重大损失的极端气候异常现象。它们在气象灾害（包括干旱、雨涝、冷害、冻害、雹害、风害、雪害等）中，时、空尺度都是比较大的，通常表现为某一时期内的某种气候趋势，如气温的持续偏高或偏低、降水异常量的偏多或偏少等。

在众多制约经济发展的自然灾害中，气候灾害扮演着举足轻重的角色。据统计，全球自然灾害所造成的损失中，干旱、水灾占55％以上。我国自然灾害所造成的损失，也以气候灾害为首。

1950—1988年，我国平均每年旱灾面积3亿多亩，涝灾面积1亿多亩，分别占气象灾害成灾总面积的59.3％和22.9％。除农业外，气候灾害给商业、交通等其他行业以及人民生命财产造成的损失也相当可观。

为尽量减少气候灾害的损失，我国各级气象部门十分重视减灾防灾气象服务工作。40多年来，开展了大量的调查、观测和研究，基本上摸清了我国气候灾害的时空分布规律，加深了对其成因的认识，为有关部门防御气候灾害提供了科学依据。同时，每年定时提供长期的旱涝、冷暖趋势预测；及时分析通过遍布全国的气象站网以及气象卫星获得的监测信息，检测灾害是否发生；灾害一旦发生，除通过电视、电台、电话、报纸向社会大众发布实况外，还通过专题报告向决策层提供灾情信息，灾后开展灾害日影响评价工作。

我国各级气象部门在抓防灾减灾气象服务的同时，十分注重提高对气候灾害以及其他各种气象灾害的监测能力和预报水平。经过多年努力，已初步建成由大气探测系统、通信系统、气候资料加工系统、天气预报警报系统和气象服务系统组成的现代化气象业务体系。“八五”期间，气象现代化建设将进一步得到发展，特别是灾害性天气预报警报系统、气象卫星综合应用业务系统、大气监测自动化系统等项目的建设，将极大地提高我国灾害性、关键性天气的监测、预报和服务水平，必将为进一步做好防灾服务工作，为国民经济持续发展做出新的贡献。

加强对气候变化的监测、检测和预测，增强社会适应、对付气候变化的能力，积极促进经济持续发展。

自工业革命以来，因人类活动产生的排放使大气中温室气体含量不断增加，从而导致全球气候变暖，这一问题现已受到国际社会的强烈关注。现有观测资料表明：近百年中，全球气候确实出现了变暖趋势。我国北方地区也已连续6年出现了暖冬现象。

全球气候变暖对社会经济的影响比年际气候波动的影响更广泛、更深刻，也更复杂。可以肯定，随着全球气候的变化，气候资源及气象灾害的分布也必然出现变化，初步研究表明，在不少情况下这些变化给社会经济带来的影响将是利弊并存。中、高纬地区气候增暖后，热量资源将有所增加，从而有利于种植生育期较长的品种，给增加粮食产量提供了机遇。但中、高纬地区增温后，地表蒸发能力将增大。这会使原本处于半干旱状态的区域如我国的西北、华北等地区干旱化进程加快，水资源更为短缺。

为了正确对付气候变化可能产生的影响，用其利而避其害。我国各级气象部门首先加强了对气候变化以及由此而引起的气候资源和气候灾害分布变化的监测。“七五”期间，已开始建设以监测气候变化为基本任务的“基准气候站网”，并着手建设“大气监测网”，加强对大气中温室气体、气溶胶、降水化学的变化趋势的监测。我国现有区域本底站 3 个，酸雨观测站 78 个。世界上第一个大陆基准大气本底站（青海瓦里关山），经世界气象组织（WMO）认可，也已开展试验观测。我们还将根据监测站的布局要求，在我国不同气候区选址建设 8 个地面臭氧总量观测站，4 个臭氧垂直分布探测站，4 个区域本底站，90 个干湿沉降监测站，1 个大气化学分析中心。

其次，我国各级气象部门十分重视开展我国气候资源和主要气候灾害时空分布变化的分析与影响评价，及时为社会经济各部门应用气候变化可能带来的有利因素发展经济、针对气候变化可能产生的不利影响采取对策提供科学依据。黑龙江省气象局根据北方增暖、积温增加这一事实，提供可引进新玉米品种的气候资源论证和适用农业气象技术。现全省已引种 1200 多万亩，平均亩产增加了 150 千克。

中国气象科学研究院和有关省（区）气象局针对我国北方现在比较旱，将来有可能进一步变干，应大力发展节水型农业这一需求，研究出了小麦优化灌溉技术。五年来推广了 2000 多万亩，节水 30 多亿立方米。陕西、甘肃和宁夏三省（区）气象局研究了一膜两用调水技术，对雨养农业有很大应用价值。

选自《中国气象报》，1993 年 6 月 15 日

大气物理和大气探测的进展

赵柏林

大气物理和大气探测互相依存，互相促进。现在其中热点问题有大气遥感、卫星气象、临近预报与中尺度气象、云物理、全球变化。

大气遥感是在地面或飞机上遥感气象要素，其特点是观测快速、连续进行，目的是补充常规观测时空密度的不足，获取大气新的信息。当前大气遥感发展趋势：（1）多普勒系统广泛用于大气探测之中，如多普勒雷达监测风暴等。（2）雷达向双极化方向发展，它可用于降水及冰雹测量。（3）传播作为大气探测手段显示其功用，如电波在大气里传播研究大气湍流起伏，利用日光在大气中衰减测量大气溶胶、大气臭氧和二氧化氮等，在环境监测中发挥作用。（4）无源和有源联合探测系统，常规探测网距 350 千米，观测时间距 12 小时，天气系统常发端在此间隙之中，用多频微波辐射计和多普勒风雷达结合成廓线仪，可连续监测大气温、湿、风廓线和云中液水量，执行探空的职能。用微波辐射计和雷达联合测雨，提高降水测量精度。

卫星气象是以气象卫星为平台遥感大气为主。全球有 71% 的海洋，大陆有25%为永冻土。全球常规观测到的降雨只有10%，而有70%的雨落在海上。气象卫星观测可以弥补此缺陷。（1）为了能够在全天候下，用气象卫星遥感大气，气象卫星中微波遥感比重要加大，用以精确测量大气温、湿廓线，云中水量，海面风及浪。（2）为了提高测雨的水平，预计雷达将在卫星上使用，多种手段综合监测雨。（3）风的测量，利用云流迹线测风和从卫星测得温度场导出热成风，得到流场分布图。（4）云物理，由于卫星观测分辨率的提高可观测云雨的细微结构，探索人工降雨的机巧。例如人工降水催化窗，即云顶高度在温度-25～-10℃，催化最有利，气象卫星观测云层，可以指导人工降水的实践。（5）监测全球大气污染，利用气象卫星监测大气尘暴和大气气溶胶状况，大气臭氧及其廓线，均取得有价值的成果。（6）卫星观测地球辐射平衡（ERBE）和向外长波辐射（OLR）的许多成果有助于气候的研究。卫星观测温、湿分布图、云图、雨量图、风场图、土壤湿度图和冰雪图，如何与当今数值预报结合，提高天气预报的准确性和时效，是当今努力的方向。

临近预报和中尺度气象学，由于大气遥感和卫生气象提供了丰富的信息，结合中尺度模式，可促进强风暴的监测与预报的能力。例如美国天气局（2000年）现代化计划：（1）新一代天气雷达（NEXRAD），即多普勒雷达网，可测量雷暴强度、运动和云体水分。雷达将发展成双极化，提高测雨精度，鉴别冰雹。目的是监测风暴、龙卷和估计洪水暴发的可能。20世纪90年代布站195个组成网。（2）大气廓线仪网，测温、湿、风廓线及云中水量的分布。（3）气象卫星遥感，在新的气象卫星上，红外通道和微波通道均有增加，探测云、雨及大气温、湿廓线，提高精度和分辨率，并投入业务使用。（4）自动地面气象观测网，全美将建1000个自动气象站，这个系统24小时连续工作，提供资料，输送到天气预报部门。（5）民航飞机航线观测资料。（6）闪电探测网。将资料收集传输到中心指导预报。用先进的预报模式，每天进行4次运算，综合常规资料一起为警报和预报决策提供依据，进行0～36小时预报，促进天气预报产品的播发，提高雷暴、大雨、龙卷、大雪的天气预报能力。

云物理是以研究云雨过程为主，通过观测对于云雨过程有了进一步的了解，将云微物理过程与动力过程结合起来，进行数值模拟，模拟云形成和降水。除了作为预报外，云模式用于人工降水，它要回答云的催化能力，云播撒催化剂后，热力及动力特征。结合化学动力学，给出预期的可播度和可播区。为了人工降水的深化研究，要进一步研究云对播撒的响应。综合云微物理学与动力学开展工作，希望能回答下面问题：播云如何改变降水分布，在云群体中，对云单位体播撒中，通过热量和水分重新分配产生有利的环境，如通过播撒后促进云合并的可能性。

全球气候变化研究中，大气物理和大气探测为其重要组成部分。在国际科学理事会（ICSU）和世界气象组织（WMO）领导下，世界气候研究计划（WCRP）开展的工作有：（1）国际卫星云气候计划（ISCCP）；（2）国际大气气溶胶气候计划（IACP）；（3）辐射平衡（ERBE）；（4）TIROS-N 卫生业务垂直探测（TOVS）；（5）国际卫星陆地气候计划（ISLCP）；（6）全球环境监测系统（GEMS）；（7）海气相互作用：热带海洋和全球大气计划（TOGA）。1989—1992 年我们作为成员参加国际卫星云气候计划——西北太平洋云辐射实验（WENPEX），以地面和卫星遥感来支持世界气候研究计划。从 1992—2010 年世界气候研究计划的核心为全球能量与水循环试验（GEWEX），它包括云与辐射、海气耦合和陆地水文。除卫星遥感外，开展大陆尺度试验，美国建立在密西西比河流域，将组织密集的观测和数值模拟。在东亚，中日将在黄河一长江组织国际性试验区。为了研究降雨对气候变化的影响，设置了热带降雨探测（TRMM）国际计划，它将包括以微波遥感为主的气象卫星，1994—1996 年开始执行，以美日科学家为主体，我们作为成员参加此项研究。

选自《大自然探索》，1993 年第 10 期

说说降水概率预报

黄嘉佑

今年上海、北京气象台率先向公众发布降水概率的天气预报。这一新型的天气预报形式，一度引起社会的普遍关注和兴趣。正式发布降水概率预报表明我国天气预报技术已发展到一个新阶段，同时也表明我国天气预报自动化程度已达到世界先进水平。但是，有不少人不理解为什么要用降水概率来作预报。认为"有雨"或"无雨"的预报好理解，现在改成降水概率百分率是怎么回事？为什么要用概率来描述降水？为什么说这种预报是反映天气预报技术发展的新水平？

回答上述问题得先从什么叫概率说起，所谓概率是测定某一现象出现的可能性的大小的度量。例如我们掷一硬币，有可能出"正面"或出"反面"，当然，这种可能性是指"掷"硬币之前，如果"掷"了，就只能有其中一种结果（"正面"或"反面"），对这种结果自然无所谓出现"正面"（或"反面"）的可能性问题。但是，如果我们不是"掷"一次，而是"掷"几千次、上万次，我们就会发现出"正面"或出"反面"的次数与试验总次数之比值（称为频率）稳定在

50%附近。人们把这个稳定值称为掷硬币“出正面（或出反面）”事件的概率，人们习惯把将要试验的事件出现的概率，作为一次试验事件结果出现的可能性的度量，或看成是事件发生的成功率或实现的把握程度。用概率的观点来看，在自然界和人类社会中出现的所有现象在试验之前都是可能出现或可能不出现的，这种现象称为偶然事件或随机事件。必然出现的事件和不可能出现的事件是在许多事件中的特殊情况。把必然出现事件的出现可能性定为100%，把不可能出现事件的出现可能性定为0%，显然，可以用介于这两个值之间的数值作为现象出现的可能性大小（概率）的度量。例如，人们可以说做某件事情成功的可能性有90%，显然是指该事情出现可能性的大小。类似地，明天天气状态“有雨”或“无雨”也是这类随机事件。不过，“有雨”或“无雨”出现的可能性，并不与“掷”硬币出“正面”（或出“反面”）的事件一样，也是50%。例如，我们都知道在北京地区，一般说来“有雨”这一事件在冬天出现的可能性比较小。天气现象出现的概率，在气象中常称为气候概率。这是因为天气现象不可能用实验作许多次重复试验，只能尽可能用最多观测记录产生的天气现象出现的频率作为概率的估计。因此，严格说，估计明天天气状况时，断然预报为“有雨”（或“无雨”）是不合适的，因为这表明它们出现的可能性为100%。用它们出现的概率作为预报才比较合理。

一般来说，在试验条件固定情况下，某一事件出现的概率是客观存在的，是不变的。但是，当条件发生变化时，事件出现的概率就发生变化，这种概率称为条件概率。例如，假定某人平时“考试通过”的可能性是60%，但加入经过刻苦学习的前期条件，他“考试通过”的可能性可以上升到90%。同样，某天“有降水”事件出现的概率本来是固定不变的。但是，在加入某些现象出现的条件后，“有降水”事件出现的概率可以发生变化。例如某天的前一天出现“卷云”现象时，在此条件下，当天出现“有降水”的现象概率就较大。如果前一天在该地出现“高压控制”时，在此条件下，当天出现“有降水”的现象概率就很小。因此，我们可以在前期某些现象出现的条件下，做“有降水”事件出现的可能性的估计或预报，这就是降水概率预报技术的主要依据。

实际上，以前期自然现象出现的先兆为依据，判断“有降水”事件是否出现并不是现在才用的技术。我国古代劳动人民用农谚做短期天气预报就是使用这种技术。例如他们利用“天上钩钩云”前期现象，做第二天出现“地上雨淋淋”的降水现象的预测，就是这种技术的应用。只不过当时未能用概率来估计“雨淋淋”现象出现的可能性。但是，由于降水出现的复杂性，实际试验和使用表明，在前期单一现象出现的条件下，“有降水”事件出现的概率并不很高，因而预报结果也就不准。为了提高预报的准确率，人们不得不寻找其他的方法。探索天气过程发展变化的原因，这就是后来出现的研究天气现象变化过程的成因的学科——天气学和动力气象学的兴起。这两个学科的研究成果大大地推进了天气预报技术的发展，它们的应用成果表现在现在的数值预报上。但是，人们发现数值预报效果较好仅反映在高空环流形势上，至于局地地面天气现象的预报还未满足人们的需求。

在20世纪60年代末至70年代初，由美国气象学家首先提出一种MOS（Model Output Statistics模式输出统计量）方法是解决局地气象要素预报的有效方法之一。这一方法是利用模式中输出的各种动力统计量建立与局地地面气象要素的存在的统计关系，用概率统计方法建立它们关系模式进行预报，称为动力统计方法。它把目前最先进的物理过程的天气动力方法和概率统计方法结合在一起，集中它们的优点而克服它们各自的缺点。因为在数值预报中主要解决的预报问题是大尺度环流形势场的预报，它不可能也没有必要去考虑局地范围小尺度天气系统，更何况是局地的地面气象要素预报。尽管在某些数值模式中也开始研究要素预报（例如降水）的预报，但也是大范围的，效果还不甚理想。即使有些细网格数值模式考虑到较小范围，但由于局地地形千差万别，地面气象要素又易受地面生态环境等各种随机因素的影响，使这种模式很难做到准确预报，而且各地的不同气象要素，如降水量，地面最高最低温度，机场上空的云高、云量、能见度、雾等预报也不可能由一个数值预报模式来解决。所以把大范围数值模式预报与局地气象要素预报分开来考虑是必要的。这种预报方法目前已被世界大多数国家所采用。这种方法还具有客观、定量和自动化等优点。例如，在美国使用在日常短期预报服务的是一种所谓AFOS（Automation of Field Operatin and Services）系统，即自动业务操作与服务系统。这套系统从气象资料取得，到做出预报甚至对外发布等一系列过程，全部实现自动化。它可以对未来1～2天的降水概率、降水量类型、雷暴出现概率、降水类型概率、大雪出现概率、最高最低温度、平均温度、露点温度、风、云量、云高、能见度、云高与能见度最大可能出现类型及天空能见度障碍物类型等气象要素和天气现象作出预报。此外，利用这种方法还可作局地龙卷和冰雹等特殊天气预报。而且天气现象出现的概率预报值，还可以进一步应用到与天气有关的军事、工农业和商业等国民经济领域的概率决策系统中。随着我国数值预报技术水平的提高和发展，采用天气现象概率预报是必然的。这种先进预报业务方法的使用，正表明我国的预报技术发展到一个新阶段，可以期望这种方法将进一步推动我国天气预报的发展，给我国经济带来巨大的效益。

选自《气象知识》，1995年第6期

100

台风是什么——说台风

陈联寿

说起台风，公众并不陌生。入夏以后，中央电视台天气预报节目的电视画面上，时而在我国东南沿海海面以及更远一点的太平洋洋面上有呈螺旋状近圆形的白色云区出现，气象工作者统称它为热带气旋。

20 世纪 80 年代以前，我国对这种发生在热带洋面上的大气涡旋统称为“台风”。自 1989 年起，我国采用了世界气象组织统一的名称和等级标准，按其中心附近最大风力分为四类。风力为 6 ～ 7 级（10.8 ～ 17.1 米 / 秒）的称为热带低压；风力为 8 ～ 9 级（17.2 ～ 24.4 米 / 秒）的称为热带风暴；风力为 10 ～ 11 级（24.5 ～ 32.6 米 / 秒）称为强热带风暴；风力在 12 级（32.7 米 / 秒）或以上的称为台风。在专业名称上，按不同强度虽有不同称谓，对这类强烈的热带涡旋，公众仍习惯统称为台风。这里给出的不久前先在我国台湾继之在福建登陆的 9608 号台风图像，它是气象卫星在 36000 千米高度上“拍摄”下来的照片。

的确不错，从高空往下看，台风是一个近于圆形的大气涡旋。其中最引人注意的是它中心的那个小黑点，气象学家称它为台风眼。它是狂风暴雨包围中的一块“静地”，这里碧空无云，风和日丽。台风眼的直径一般在 30 ～ 50 千米，通常随着台风的增强，眼有逐渐缩小的趋势。另一个引人注意的就是那几条螺旋状云带，它们直接卷入台风内部，在台风眼周围则形成圆弧状云带。台风的强风区出现在低空围绕着台风眼的一个环状区域内，其宽度约 100 千米。台风中最强的上升暖湿气流在此发展，并形成深厚浓密的积雨云墙。台风的最大风速和最强暴雨往往集中出现在这个环状区域中。台风警报中常说“台风中心附近最大风力”，而不说“台风中心最大风力”，就是因为“台风最大风力”并不出现在中心（即台风眼）。环状区域之外，台风边缘之内称为台风的过渡区和外围区，在那里同样存在着不同程度的狂风暴雨。尤其在台风的东北象限，一般风雨之猛烈超过其他方位，通常称为台风的危险半圆。

台风气流方向在南北半球正好相反。在北半球的台风，低空气流是围绕台风眼作逆时针方向旋转，高空是顺时针方向旋转；在南半球的台风，低空气流为顺时针旋转，高空为逆时针旋转。但除旋转方向外，其构造南北半球同出一辙。

台风形成后其尺度大小不一。超级大台风其直径可达上千千米，微型小台风直径仅 200 余千米。在垂直方向上，云墙顶部高达 12 千米以上。

有的台风构造很奇妙。在台风前进方向边缘的前沿，存在一条数百千米长的弧状飑线。飑线中存在强烈的不稳定对流运动，其风雨强烈和破坏的程度往往不亚于台风本体。有的台前飑线竟携带了数个小尺度的水龙卷。台风登陆前，飑线和一排水龙卷先对登陆地区造成重灾，随之台风在同一地区登陆肆虐，灾上加灾。有的台风虽无飑线，但本身携带龙卷登陆，其灾害也将显著超过一般的台风。袭击我国的台风，常发生在 5—10 月，以 7、8 两月最为频繁。

大气中除热带气旋外，以涡旋形态存在的灾害性天气系统很多，如龙卷风、沙尘暴、海龙卷、温带气旋等。但其构造决然不同。前三者与热带气旋相比，尺度要小得多。后者与热带气旋大小相妨，但性质迥异。热带气旋中心是暖的，温带气旋是冷的；热带气旋中心轴线是垂直的，温带气旋轴线随高度急剧向西北倾斜；热带气旋大风区出现在低空中心附近的环状区域中，温带气旋大风区出现在高空气旋外围，呈带状分布；热带气旋不能生成和长时间地维持在陆地上，而温带气旋却可以在陆地上生成、维持和发展。

选自《中国气象报》，1996 年 8 月 26 日

100

台风会带来什么灾害——说台风

陈联寿

说起台风，人们往往都有恐惧心理。因为台风的狂风暴雨会带来严重的自然灾害，如能及时采取防御措施，就可趋利避害，大大减轻台风造成的人员伤亡和经济财产损失。

台风的灾害主要由台风中的强风、特大暴雨和台风引起的风暴潮所造成。台风灾害是世界上最严重的自然灾害之一。全球平均每年发生热带气旋 80 个左右，造成经济损失达 60 亿～ 70 亿美元。

台风大风对航行的船舶，不论吨位大小，都具有极大的破坏力。万吨巨轮在台风中犹似一个玩具被海浪抛来抛去，甚至拦腰折断或倾覆于巨浪之下。有的巨轮随着海浪被吹入内陆数千米倾覆搁浅。受台风大风危害最大的莫过于渔船。1954 年 9 月，“玛瑞”台风将停泊在日本函馆港的一艘渡轮吹到港外触礁沉没，港内另有 4 艘货船也相继沉没，使 1440 人死亡，造成世界航海史上的灾难。

登陆台风特大暴雨引起的灾害往往比大风灾害更为严重。一天之内下雨 50 毫米称为暴雨，但有的台风一天之内下雨竟达 500 毫米甚至上千毫米。这样大的暴雨，将引起泥石流或山体滑坡，大片沙土石砾将掩埋绿洲良田，甚至整个村寨人畜被覆埋。更为严重的是河堤决口，大型水库崩溃，洪水一泻数百千米，瞬息之间竟成一片汪洋泽国。洪水之后，往往继发瘟疫等次生灾害。例如，著名的“75・8”暴雨是一个登陆变性的台风所引起的，在河南驻马店地区引起日降水量达 1005.4 毫米的罕见特大暴雨，打破了我国大陆暴雨的历史记录，这样严重的暴雨造成了河南省境内两座大型水库的崩溃，洪水所到之处，被夷为平地，洪水退去之后，破瓦沙石覆盖良田、缺医少药、瘟疫蔓延。1922 年 8 月 2 日夜至 3 日凌晨，一个强大台风在广东汕头地区登陆，造成 7 万人死亡，又引起瘟疫蔓延，有的村落成了无人区。

当台风登陆引起特大风暴潮时，其灾害往往超过风雨之灾。当台风很强、气压很低时，台风区域内的海水将高出周围海平面。当台风趋近海岸时，在台风中很低的气压、狂风、浅海区大陆架海岸地形以及天文大潮引力等诸因素的共同作用下，往往可能引发严重的风暴潮，潮位可高出海平面 5 ～ 6 米。风暴潮可破坏海堤，海水涌入内陆，甚至可以暂时淹没岛屿，致使岛上生灵俱毁于顷刻之间。1970 年 11 月 12 日，孟加拉湾北部一个强风暴袭击了恒河三角洲，正值涨潮之时，加上有利地形，结果浪潮高达 6 米，夺去了 30 万人的生命，是近百年来世界上最重的一次台风灾害。事隔 20 年之后的 1991 年 4 月 29 日，在同一海区的一个强风暴登陆，严重的风暴潮竟造成 13.9 万人死亡。

风暴潮在其他国家也同样会造成大灾，例如菲律宾、日本和我国等。1969 年 7 月 28 日一个特强台风在我国汕头登陆，天文大潮和风暴潮叠合，造成海水摧毁海堤、涌进内陆，引起严重灾害。1959 年登陆日本闻名的伊势湾台风，狂风、暴雨和风暴潮也造成了日本极为严重的灾害。

在深刻认识台风危害的同时，也要注意台风也有它的有益的一面。台风带来的雨水是我国东南沿海各省夏季雨水的主要来源，在我国东北也占相当的比例。特别是在江南伏旱时期，一次台风登陆往往给农作物带来及时、丰沛的雨水。比如，今年第 6 号强热带风暴于 7 月 22 日在海南万宁登陆，其带来的降水缓解了海南的旱情，并且增加了水库蓄水量。同时台风降水也给干热难忍的人们送来一点凉意。利用先进技术有效地监测台风的活动，及时发布预报警报，有关部门相应采取有效防台、抗灾措施，就可大大减轻台风带来的灾害，达到趋利避害的效果。

选自《中国气象报》，1996 年 8 月 29 日

在我读研究生的那段日子里

——怀念我的导师谢义炳先生

李泽椿

1962 年，国家恢复了研究生制度，每一个导师可以有 3 个学生报考其研究生，考试后我感到考试成绩平平，但后来却被录取了，谢义炳教授做我的导师，我跟随他学习 3 年多。如今谢先生离开我们两年多了，回忆起在北京大学当研究生的那几年和以后在工作中向他请教的那些往事，使我感到他是一位非常值得尊敬的师长。他对学生循循善诱，诲人不倦，言传身教；他朴实真诚，为人耿直，作为他的学生，这一切我是始终铭记在心的。

记得初念研究生的那一年多，我确实非常苦恼，有些走投无路之感。刚刚恢复研究生制度，一切都不正规，头次去见谢先生，先生只是说："你的研究方向是中长期天气过程，先看文献吧。"念本科的 6 年，学习方式是每天按课程表上课，在图书馆借参考书，做作业，应付考试，的确按部就班，得心应手，只要努力总可以拿到一个颇可自慰的好成绩。现在就不同了，应当上什么研究生基础课（外文、政治有规定，其他自选）？看什么文献？研究方向的主要问题是什么？一切均无头绪。但是谢先生抓得很紧，每周或每两周见我一次，让我谈谈学习心得，更使我紧张万分。人都是逼出来的，在这种情况下，我别无出路只有自己奋斗，根据谢先生指出的学习要点，制定阶段阅读文献目录，逐渐地进入了学习轨道，后来做学年论文，谢先生也是让我自己选题，谈思路，鼓励我自己去摸索。我才体会谢先生的方式是锻炼学生自己动手的研究能力，他不当“保姆”，这样才能培养出一个人的创造性和独立性。

谢先生在教学中一直是关注于气象领域中新的思想概念和技术的引入。我记得当时，谢先生在研究中总是认真地拉计算尺，因为当时连手摇计算机在北大一般教研室中也是稀有的，当他知道可以用中国科学院计算技术研究所的苏式 M-103 计算机时，他积极鼓励我去学习使用，当时每小时要计时费 90 元，相当于研究生两个多月的助学金，的确很贵的。为了节省这每秒 3000 个指令的计算机机时，我每周去十三陵北京大学分校使用数力系尚处于保密阶段的每秒 30 次的计算机先通一次程序，通好后再去用 90 元 1 小时的机器。

每次见面汇报学习心得时，谢先生好像漫不经心似的，但碰到关键问题时他很敏锐地指出来，他经常让我们推导一些文献中的公式，以训练我们了解处理研究中设定假设的逻辑合理性和适用程度，他对我们做论文既严格要求又绝对放手，经常和我们在一起讨论问题。谢先生很注意培养我们理论联系实际的作风，特别希望我们在研究和学习中多接触和了解气象台站的工作，做他学生时总让我去中央气象台了解实际天气预报并到上海气象台实习，他自己也在汛期到国家防汛抗旱总指挥部参加汛期天气预报会商。

谢先生搞研究工作历来强调从实际需要出发，并且注重严谨、创新，这些学风对我以后的工作有很深的影响。

20 多年后，我在国家气象中心组织建立数值天气预报系统，谢先生仍然像当年那样热心地帮助我们开展数值预报业务，指导我们建立中期数值天气预报系统。在国家气象中心要进一步建立台风和暴雨的监测预报系统时，他老人家不辞辛苦骑车来气象中心参加论证会，使方案设计得更加合理可靠，切合实际。

谢先生离开我们两年多了，每当我想起做他学生时的那段经历，总有一种感激之情，难以忘怀。

选自《气象知识》，1997 年第 6 期

高瞻远瞩的决策
——忆周恩来总理关心气象卫星事业发展

邹竞蒙

今年3月5日，是我们敬爱的周恩来总理诞辰100周年纪念日。在全国人民共同纪念之际，我们气象工作者缅怀周总理，尤其想起他对发展我国气象卫星事业的关怀和我国卫星气象事业取得的巨大成就，就更加鼓舞着我们要为实现周总理的遗愿，进一步加快气象现代化建设的步伐。

我国的卫星气象事业经过近三十年的艰苦创业，现在已经初具规模，在研制和发展我国自己的气象卫星方面取得了巨大进展，在接收和开发应用国内外气象卫星资料方面也取得了显著的社会效益和经济效益。现在，当我们完全可以利用我国自行研制的“风云二号”气象卫星监视风云变幻，为我国社会经济发展、减灾防灾发挥着巨大的作用时，我们更加深深地感到，当年周总理在国家经济十分困难的情况下，亲自提出并批准研制我国自己的气象卫星的决策是多么高瞻远瞩。

中华人民共和国成立后，周恩来担任共和国总理长达26年。在这26年里，他既是国家建设总体蓝图的重要设计者，也是付诸实施的卓越组织者。他不仅参与提出四个现代化的宏伟目标，而且特别关注直接关系推进现代化进程的尖端科学技术的发展。他指出："科学是关系我们国防、经济和文化各方面有决定性的因素。""我们要实现农业现代化、工业现代化、国防现代化和科学技术现代化，把我们祖国建设成为一个社会主义强国，关键在于实现科学技术现代化。"周总理那时已经把科学技术现代化放在四个现代化的首要位置，是非常具有远见卓识的。气象卫星的发展历程，也充分体现了他的这一思想。早在1969年1月29日，周总理在接见中央气象局代表时就强调指出："应该搞我们自己的气象卫星。"1970年2月，周总理又亲自批发了中共中央、国务院、中央军委文件，下达了研制气象卫星的任务，并亲自批准中央气象局成立"气象卫星地面站总站"（即现国家卫星气象中心）。周总理在"文化大革命"极端困难的情况下，在林彪和"四人帮"反革命集团的严重干扰破坏下，以一位伟大革命家的胆略，做出英明决策，关心和支持气象现代化建设，指出了发展我国气象卫星的道路。从此，我国的气象卫星在周总理的亲切关怀下，开始筹划和研制。从那时开始，党的三代领导人一直关注着我国卫星气象和气象卫星的发展。粉碎"四人帮"以后，由于暂时的困难，国家曾经对国民经济计划有过几次大的调整，包括减少基本建设投资，甚至减少军费等。在这种情况下，邓小平同志仍然批准了包括气象卫星在内的一批重大项目的发展，不但保留了"风云一号"极轨气象卫星的研制，而且还新增了研制静止气象卫星"风云二号"的计划。1987年，国家主席李先念出席了"风云一号"气象卫星应用系统验收仪式，并指出：尽管外国人搞了，我们还是要自己搞；1997年，江泽民总书记视察中国气象局，当看到气象卫星在国民经济各个领域发挥重要作用时，对气象卫星的作用给予高度赞赏；李鹏总理对发展我国的卫星气象事业一直十分重视，1984年以来，他曾多次到中国气象局视察或参加会议，对卫星气象和气象卫星事业都做了重要指示，他特别强调："气象卫星我们是下决心搞下去，我们中国要有自己的气象卫星。""我们中国现在财政经济各方面还不那么富足，即使在这样的情况下，中央和国务院考虑到气象工作的重要性，我们还是要尽一切力量，促使这两种卫星（指极轨卫星和静止气象卫星）发展。"

回想我国气象卫星发展的道路，并不是一帆风顺的。1970年12月，周总理在《关于气象卫星研制方案和地面接收站建设问题的报告》上批示："卫星规划是否已落实，承制单位和协作地区是否已经可靠，时间排列是否恰当，均请你们再谈一次，以便正式列入'四五'计划。气象卫星地面站接收站布局，可否与其他卫星地面接收站合在一起，望一并考虑。"他还要求军委、总参谋部、国防科委进一步研究和汇报有关卫星的规划、时间、排列、承制单位和协作地区、地面接收站布局等问题。1972 年 3 月，李先念副总理批示同意将气象卫星研制纳入国家计划，由国防科委归口。可是由于林彪和“四人帮”反革命集团的干扰和破坏，致使周总理指示没有得到落实，气象卫星研制任务没有能列入“四五”和“五五”计划。

当时由于受“左”的思想的影响，气象部门内部的思想认识也不统一，有些人对发展气象卫星不理解；有的同志持怀疑态度，把现代科技与群众经验对立起来，把现代化建设与经济暂时困难对立起来；有的甚至持否定态度，认为发展气象卫星是“劳民伤财”“误人青春”，提出气象卫星计划应该下马。当时，其他部门有些同志也产生了疑虑。

1973 年邓小平同志复出以后，提出对国民经济各领域进行全面整顿，并开始抓经济建设。1974 年中国气象局召开气象卫星任务协调会，邀请航天部门及有关单位参加，研究了第一颗气象卫星的使用要求，气象卫星的系列发展设想、分工协作方案等，提出了“实事求是、力求先进、先易后难、逐步完善”的具体指导方针。粉碎“四人帮”后，我国迎来了科学的春天，邓小平同志先后提出科学技术是生产力和第一生产力的思想，加快了现代化建设步伐，气象卫星才再次被列入现代化建设的议事日程，重新有了希望，使我们坚定了落实周总理的指示和研制发射我国气象卫星的决心。1977 年气象卫星总体协调会在上海召开，“风云一号”极轨气象卫星正式列入“六五”和“七五”计划，进入正常的研制阶段，结束了气象卫星发展长期停滞的局面。1979 年又正式提出了研制我国“风云二号”静止气象卫星的要求。1980 年，中国气象局组织召开气象卫星规划座谈会，进一步完整地提出了“既有极轨气象卫星、又有静止气象卫星，两星相辅相成、配套发展”的战略原则和坚持“军民两用，平战结合”的指导思想，并提出了 80 年代气象卫星发展的具体安排意见。1984 年，国防科工委组织召开了我国航天技术“七五”规划座谈会，对航天技术“七五”规划进行反复论证，在 1985 年国务院、中央军委批转的这个规划中，把“风云一号”极轨气象卫星系列和“风云二号”静止气象卫星系列列入“七五”计划，保证了“风云一号”极轨气象卫星研制工作继续进行。中国气象局也将发展两个系列气象卫星列入《气象现代化建设发展纲要》。1986 年，国家正式批准了“风云二号”静止气象卫星研制任务。经过参加气象卫星工程试验的全体干部、科技人员、解放军指战员顽强拼搏和艰苦卓绝的努力，我国于 1988 年和 1990 年先后发射了两颗“风云一号”极轨试验气象卫星，1997 年又发射了第一颗“风云二号”静止气象卫星，从此，结束了我国只能从地面观测天气的历史，开辟了从太空观测天气的新篇章。气象卫星的发射成功，是我国气象现代化建设的又一新的、十分重要的里程碑，也是贯彻落实周总理等几代中央领导人实现四个现代化宏伟设想的具体体现。

根据周总理关于“在我们的卫星出来以前，要想办法接收国外卫星传递的气象情报”的指示，1969 年，中国科学院大气物理研究所的同志积极行动，研制成功了气象卫星云图接收设备，气象部门及有关部门开始接收、利用国外气象卫星云图，打破了一些发达国家在气象情报方面对我们的垄断和封锁。80 年代初，我国引进了泰勒斯 –NOAA 系列气象卫星资料接收处理系统，使我国对气象卫星资料的处理和应用从模拟定性分析阶段发展到数字化定量分析阶段，气象卫星资料应用的深度和广度有了一个突破性的进展。

经过近三十年的发展，现在国家卫星气象中心已建成了极轨气象卫星和静止气象卫星接收处理系统，具备了接收处理国内外气象卫星资料的能力，各省（区、市）气象局也都具备了接收处理国内外气象卫星资料的能力。气象卫星资料已成为天气分析、预报服务的一个重要工具，大大提高了天气预报的准确性，特别是在监测台风、暴雨等重大灾害性天气中发挥了重要作用。气象卫星资料开发应用研究不断深入，提高了气象卫星资料的综合利用率，使卫星资料应用范围拓宽到农业、林业、水利、地质、海洋、环保等国民经济的多个领域，特别是在诸如 1987 年的大兴安岭森林大火、1991 年的江淮地区百年不遇的特大洪涝等灾害的监测服务中，发挥了重大作用，取得了显著的经济效益和社会效益。

现在，我们可以告慰周总理的是，在党中央、国务院直接领导下，在国防科工委和航天部门的大力支持下，我国卫星气象事业取得了长足的发展，走出了一条具有中国特色的发展卫星气象事业的路子，已经初步实现了周总理的遗愿。但是，社会发展无止境，科学技术发展无止境，气象现代化建设也无止境。我们在气象现代化建设方面任重道远，绝对不能“小进则安”“小进则满”，更不能“知难而退”，不能因稍微遇到一点困难，就对气象现代化建设动摇和退缩。现在，高新科技日益渗透到经济发展和社会生活的各个领域，成为推动现代生产力发展的最活跃的决定性因素。在这种情况下，坚持气象现代化建设不停顿、不动摇，就成为气象事业发展的决定性因素，而发展卫星气象事业，综合利用气象卫星资源，是我们坚持气象现代化建设的十分重要的内容。在发展气象卫星方面，要坚持极轨和静止两个系列同步发展，这是我国气象事业发展的需要，也是国际上气象卫星事业发展的道路。

今天，我们纪念周恩来总理，就是要按江总书记提出的学习他的崇高精神和人格，将远大理想和脚踏实地的工作结合起来。我们学习周总理的精神，就是要学习他极端重视科学技术现代化，这是我们兴气象之路，实现气象现代化之本。我们学习周总理的精神，就是要学习他一切工作的出发点都是为了保护人民的利益，对人民极端关心的精神。我们搞现代化建设，必须提高到保护人民生命财产安全的高度来认识，才能方向明，干劲大。我们学习周总理的精神，就是要学习他严格要求、狠抓落实的作风。周总理不仅高瞻远瞩，而且狠抓落实，在发展我国气象卫星过程中，他既抓规划，又抓具体进度，甚至连气象卫星地面接收站能否与其他卫星地面站合在一起都考虑到了。在气象事业发展中，我们就是要有这种精神，才能将好的规划变为现实。我们学习周总理的精神，就是要学习他在困难的环境里，能正确处理困难和发展的关系，在困难面前不等待，不退缩。我们坚持现代化建设不动摇，就是要有这种坚韧不拔的精神。在实现现代化的道路上，我们还有许多工作要做。邓小平同志说："发展是硬道理。"我们一定要按邓小平理论和党的十五大确定的路线，在发展气象事业中，牢牢抓住气象现代化建设这个核心，为实现"九五"计划和 2010 年规划提出的奋斗目标，不断提高气象服务的能力，为国民经济建设和社会发展而努力奋斗。

选自《气象知识》，1998 年第 2 期

我的历程

陶诗言

1918 年 8 月我出生于浙江省嘉兴县一个中学教员的家庭，小学和初中都在家乡上学。在小学期间，我整天在运动场上奔跑，很少关心学业，在小学老师的心目中，我是个顽皮的孩子。进入初中后，我才注意学业的拼搏。那时候初、高中毕业生集中到省城会考，考试及格才能毕业。会考成绩的好坏有关学校的声誉，学校对学生的管教甚严。那时我在班上算是前几名，每年都拿到奖学金。小学老师见到我时，说我完全变了个样。高中我是在南京上的，从一个小县城来到大都市一切感到新鲜和生疏。那时正是抗日战争的前夕，学生运动风起云涌，学业受到一些影响。

1937 年抗日战争开始，我刚念完高中二年级，只身离开家乡，经过长途跋涉，考进四川重庆的国立中央大学（现在的南京大学）。我原先是学水利工程的，一年以后我对天气变化的研究有兴趣，转入理学院地理系气象专业。大学毕业后我留系任助教一年多。1944 年年底中央研究院气象研究所所长竺可桢先生因浙江大学校长的事务繁重，无法兼管气象研究所，由赵九章先生继任所长。赵先生从别人口里知道我是个可造之才，到中央大学招聘我进气象研究所工作。

气象研究所位于离重庆市区 60 千米的乡间。研究所有良好的学术风气，有丰富的图书和设备，这对我来说是进到一个新天地。赵先生对学生的要求甚严，每星期有几个晚上到我的住房查询我的学习和工作情况。我们在一盏菜油灯下，交谈一两个小时，有时在谈话中我反驳了他的观点，赵先生非常高兴，说学生应该敢于反驳老师。从多次交谈中，我得到不少教益。有时镇上有音乐晚会，我们想尽办法，不让赵先生知道，溜到镇上去欣赏音乐演出。竺先生每年来研究所一两次，每次来必定找我们谈话。有一次我刚写好一篇将要发表的文章，他要去看了后，说我英文不够流利，他在稿子上做了多处修改。气象研究所规定研究实习员每两周有一次文献阅读报告讨论会，每人两个月轮到一次。文献是赵先生指定的。每次讨论会赵先生和后来来气象研究所的傅承义先生必到。在讨论会中，他们指出我们报告的缺点，教导我们怎样作学术报告，怎样抓住文章的要点，怎样从文献中发掘值得研究的问题。有的学生没有很好准备，讲得不好，赵先生会生气并拂袖而去。我们对气象研究所的老师们是有几分畏惧，又是十分敬爱的。我就是在这样一个有严师教导，有良好学术风气以及有丰富的图书设备的环境中，打下了扎实的基础。如果说我今天在大气科学研究上有一些成就，首先应归于气象研究所的老师们的精心指导和严格要求。

中华人民共和国成立以后，中央研究院气象研究所改名为中国科学院地球物理研究所（1966 年改为大气物理研究所）。中华人民共和国成立前我国的气象事业很薄弱，抗美援朝战争时，急需气象保障，军委气象局缺乏技术骨干，于是，中国科学院与军委气象局成立了“联合天气分析和预报中心”，从事全国的天气预报业务，相当目前国家气象中心中央气象台的业务。赵九章先生把我从南京调到北京担任联合中心的副主任。当时北京的生活待遇比南京相差很大，我调到北京后的待遇只是在南京时的 70%，同时联合中心是个军事单位，要求军事化的生活，开始时我有思想包袱。五年的军事化生活和严格的纪律要求，对我是一次很好的锻炼。通过五年的天气预报实践，我积累了不少有关中国天气变化的感性知识，为我以后的研究提供了素材，同时还为气象业务部门培养了一批气象业务人才。

1955 年联合中心的任务结束，我回到中国科学院，参加以叶笃正同志为首的研究集体。这个集体由叶笃正、顾震潮、杨鉴初和我以及一些青年组成。这是个团结并很有活力的研究组。我们在学术观点上有时可以有分歧，但在工作中互相尊重，紧密合作。我们在东亚大气环流、中国的天气和气候以及青藏高原气象等方面，做出了比较系统的研究成果。1957—1958 年在瑞典著名的《大气科学学报》上刊登的 3 篇有关东亚大气环流的文章，便是这个研究组 4 年研究成果的总结，受到国际大气科学界的重视。我自己在 20 世纪 50 年代末和 60 年代初所发表的文章，都是将我在联合中心业务工作中的经验上升到理性认识的文章。如果我没有 20 世纪 50 年代初期天气预报的实践，是写不出这些文章的。

在 20 世纪 60 年代我国原子弹和导弹的试验中，需要有气象保障。这是一项高度保密性的任务，我当时还不是中共党员，但领导上把这项任务交付给我。我先后对两次原子弹试验和多次导弹试验做了气象保障，几项试验的气象保障要求在发射点和弹着点都是无云的碧空天气，要求风向风速满足一定条件。在我国西北的戈壁沙漠中，常常出现高云，而云是气象预报中最难报准的，那时候也没有像现在这样的先进气象观测设备和预报技术，云和风的预报全凭气象员的经验判断。我做完一次预报后往往是提心吊胆，常常在半夜起来看看天空是不是上了云。由于我的保障还可以，部队首长为了感谢我，给我记了一个大功和一个二等功。在那几年里我也为部队培养了一批从事军事气象保障的技术人员。我参加军事气象保障还得到了一个好处，就是在“文化大革命”期间我几乎没有受到什么冲击，红卫兵没有上门，我也没有下放到农村劳动，仍能继续从事研究工作。

20 世纪 60 年代末，国际上已有不少国家把气象卫星云图应用于日常的天气预报业务中，但在我国仍是个空白。我组织一批人跟空军气象部门合作，研究出气象卫星云图的接收设备，研究怎样把卫星云图应用到天气预报上。我们先后研制出美国三代气象卫星云图的接收设备，编写出气象卫星云图的使用手册，培训了两期接收人员和使用人员，还写出有关卫星气象学的文章和专著。这项研究成果很快在全国得到推广应用。空军的领导曾经将接收到的卫星云图，呈送周恩来总理审阅。

1975 年 8 月有一个台风移到河南省境内后，出现严重的洪水，有两座中型水库垮坝，造成 5 万多人死亡，经济损失严重。气象部门联合组织力量，研究其成因，并要我挂帅领导这项研究，我只好放弃我喜爱的卫星气象学的研究，改行从事中国暴雨、洪水的研究。我们把近 50 年来造成我国严重水灾的十多场暴雨，做了详细研究。由于暴雨的产生往往与尺度比较小的天气系统活动有联系，我也注意了中小尺度气象学的研究，我们写出一本《中国之暴雨》专著和一些文章。这些研究也使我成为我国从事中小尺度气象学的一名专家。但从研究的深度和广度来看，我对中小尺度气象学的研究，不及在 20 世纪 50—60 年代对中国天气的研究，只能说在我研究的生涯中，开辟了一个新领域而已。

20 世纪 70 年代以后，气候变化和季风研究成为国际上大气科学的热点。1978 年夏季，联合国世界气象组织在亚洲南部组织一次大规模的夏季风活动的观测试验。青藏高原对季风的活动有很大影响，经国家科委批准，由中国科学院和国家气象局组织力量，联合在1978年5—8月进行一次同步的青藏高原气象科学试验，先后由叶笃正和我担任总技术指导。这次试验取得了大量资料，分析和研究花费了4年时间，这次试验引起我对季风研究的兴趣。从1982年开始在中—美大气科学双边合作计划中，增加一项东亚夏季风的合作研究，我被推举为中方首席科学家。通过这项合作，我们对东亚季风的形成和其年际变异，有了新的认识。1988—1992年我被聘为国际科联和世界气象组织的联合科学委员会成员，从事全球气候变化的大型研究计划的拟定。我先后参与了《世界海洋环流观测计划》《全球能量和水分循环试验计划》《气候变异和可预测性试验计划》三个大规模、国际合作的研究计划。我自己也正在从事东亚夏季风年际变化研究和短期气候预测的研究。

回顾我在半个多世纪的历程，主要的经验有两条：第一，我有幸有竺可桢、赵九章等先生为良师，有叶笃正、顾震潮等同志为益友，这使得我在一个良好的研究集体中成长和工作；第二，由于国家的需要，有多次机会让我参加重大国防和经济建设中的气象保障任务，从中积累大量实践经验，为我的研究提供素材，使得我的研究能联系实际的需要，受到广大气象人员的欢迎。对此，我领会到，我所取得的一些成就，机遇也是因素。中华人民共和国成立之后的20年中，国家对气象事业有迫切需要，当时国内气象人才太少，我并不是很优秀的人才，领导把我推到第一线，将许多重要任务交给我，使我有机会受到锻炼和培养，达到目前的境地。假如大学毕业后一直留学校教书，情形就可能不一样了。

现在我已年逾古稀，我愿以“老骥伏枥，志在千里”的精神，继续为我国的大气科学事业做出新的贡献。

选自《气象知识》，1998年第6期

从台风监测预报看气象科技的发展

陈联寿

中国是世界上受台风袭击次数最多的、也是世界上台风灾害最为严重的国家之一。台风灾害是由台风带来的狂风、风暴潮和特大暴雨所引起，有的台风还携带了飑线和龙卷，这就更加剧了灾害。

台风灾害首推狂风，海上巨轮遇到台风，不论吨位大小，犹如一个玩具一般被狂风和滔天海浪抛来抛去，甚至拦腰折断或倾覆于巨浪之下。10 级大风就可拔树倒屋，可想 12 级大风的摧毁力有多大。有的台风登陆时，其最大风力远远超过 12 级（32.7 米 / 秒），风速竟可达到 60 米 / 秒以上。一座城镇可被摧毁，很多人葬身于大风刮倒的房屋、瓦砾之下，其威力犹如一场地震。

比狂风更为严重的灾害往往是台风带来的特大暴雨。一天中下 50 毫米的雨就称为暴雨，而有些登陆台风竟在一天之中下了 500 ～ 800 毫米，甚至 1000 多毫米的特大暴雨。在山区这样如倒如倾的暴雨将引起泥石流和山洪暴发，山体滑坡，甚至整个村寨被埋。更为严重的是河堤决口，水库崩溃，洪水一泻百里，瞬息之间绿洲良田竟成汪洋泽国。

台风最为严重的灾害往往是风暴潮，当台风趋近海岸时，台风中很低的气压、狂风和浅海区大陆架共同作用将引发风暴潮。有时暴潮与天文大潮叠加，甚至可出现高出海平面 5 ～ 6 米的特大风暴潮，它甚至可以淹没岛屿，使其暂时在地图上消失，致使岛上生灵俱毁于顷刻之间。1991 年 4 月 29 日，一个风暴袭击了孟加拉国，风暴潮在倾刻之间夺走了 13.9 万人的生命。

要减轻台风带来的灾害，首先要监测台风的生成和移动路线并做出及时准确的预报。掌握台风中心位置、气压、风力、台风半径、内部结构等数据是做准预报的基础。用什么技术来探测台风呢？首先是飞机探测，飞机可以跟踪台风并飞入台风外围和眼区进行探测，可以测得台风中心位置和风力强度等。海上船舶报告和岛屿气象观测也可辅助分析台风的实况。较为先进的是用雷达探测，它可以监测距雷达站 400 千米半径范围内沿海台风的中心位置和风雨大致分布。如今最为有效的探测手段是用气象卫星监测台风，它可以连续不断测得台风中心位置、强度、风雨分布等详细结构，为做好台风预报提供重要信息。

20 多年之前，我国气象科技还不发达，探测手段也不齐全，记得有一年 7 月，有一个台风从西北太平洋洋面进入黄海一带海面，台风靠近我国北方领海，外国飞机停止了跟踪探测。另外，历史上台风很少移到我国十分偏北的沿海，故在长江口以北就没有布设气象雷达。那时气象卫星探测也还没有正式用于台风监测业务。那一天天气图上这一海区空白一片，反应不出台风来。给人的感觉是这个台风移入黄海后犹如失踪一般。当时中央气象台和山东、辽宁、河北、天津等北方省市气象台的预报人员心急如焚，不知台风将在何处登陆。时间分分秒秒地过去，直到收到山东半岛沿海一个 7 级东北风大风的气象报告，这个失踪了 6 个小时的台风才显露端倪。从这个大风的记录才能判定这个台风的大致位置，说明它已靠近山东沿海，我们通过中央人民广播电台发布了台风紧急警报。但播出时不在联播时间，收听到的范围也很有限。当时这个台风在黄海北部，渤海风力 10 ～ 11 级，并在河北、辽宁一带下了大暴雨，个别山区还有泥石流，带来的灾害不轻。事后，周恩来总理问道，这个台风为何在黄海不见了，我们说在长江口以北沿海没有气象雷达，国外的测台飞机停止了探测，台风犹如进入了一个盲区。就在这以后不久，周总理亲自批示在山东半岛尖端（石岛）布设了一部气象雷达，以后在北方沿海城市又布置了几部气象雷达来监测北方海面的台风活动。从此，对进入黄海北部的台风，便能得到及时、可靠的监测。

时隔 20 多年，今天的情况就大不相同了。我国的气象科学技术有了飞速发展，一个最明显的标志是气象卫星遥感探测技术的发展。传统的大气探测是由地面（或海面）上一点向上空进行单点探测，这种探测体系不可能在全球（尤其在高山海洋）布设足够稠密的站点，而气象卫星是从遥远太空一点对全球俯视，探测一片。卫星探测恰恰弥补了传统探测难以克服的缺陷，它不仅提供大量信息，还革新了天气分析的传统模式。至今，我国已经成功发射了风云 1 号和风云 2 号两大系列的气象极轨卫星和同步卫星。与此同时，另一个重要的发展是台风等灾害性天气预报用上了高速巨型计算机，这使得考虑复杂物理过程的数值模式和数据同化方案得以在实时业务中实施。从而建立了台风的业务数值预报系统。我们还自行研制了多普勒雷达来进行台风探测。计算机高速通信业务系统在过去 10 年也得到迅速发展，我们从 1986 年起创建了由计算机和声像技术制作的动态显示电视天气预报系统，来发布台风等灾害性天气预报警报。用这种技术发送的台风警报信息量大、图像生动、传送范围广，直达千家万户，据悉，日收视率高达 8 亿人次。高速电子计算机、气象卫星、雷达和电视警报系统投入业务应用以来，对西北太平洋和南海的台风，尤其是对影响我国台风的监测、预报警报无一遗漏，预报时效也大为提前，防台减灾能力也得到了显著提高。例如，1986 年 7 号台风（Peggy）登陆前 3 天，气象部门就在电视上发布了正确预报，当时南海北部有 3000 多条渔船在海上作业，广东省防汛指挥部根据台风预报在台风来到之前召回全部渔船，避免了一场没顶之灾的发生。

人类对自然界很多突变现象的预测能力至今还不高，例如火山的突然爆发、突发性大地震、突发性海啸等，如今的科学水平还不能及时准确地预报出来。对一般规律性台风的预报是比较可靠的。但对少数台风路径的突变、爆发性加强或突然之间的减弱、台风中暴雨的突发性增幅等突变现象，目前的科学水平也同样很难精确预报。但随着计算机能力的进一步发展，大量卫星资料将可能在数值模式中同化、生成优质的初值场；发展含有拟真台风结构、充分物理过程和甚高分辨率的动力数值模式。这样，人类可望在 21 世纪前期，对台风上述突变现象的机理会有合理的认识，对这类突变台风的预报能力也将显著提高。

节选自《气象知识》，1999 年第 5 期

100

走向南极

秦大河

1989年7月28日，秦大河代表中国，同美、法、苏、英、日5国的5名队员组成的国际横穿南极大陆考察队，从南极半岛拉尔森冰架北端出发，开始了徒步征服南极的壮举。

考察队员秦大河肩负着探险和科学考察的重任，负荷最重。他克服了常人难以想象的困难，在行进中学会了滑雪；他以坚强的毅力，在一天疲劳的探险结束后，再开始自己的研究工作；当探险队被迫轻装前进时，秦大河把所有的衣服都精减了，而将雪样保存下来……

历程5986千米，历时220天，1990年3月3日，考察队胜利到达终点——苏联和平站。

秦大河成了英雄，世界上所有的炎黄子孙都因秦大河是中国人而感到自豪。面对鲜花和荣誉，秦大河很冷静，一再强调：“我是一个很普通的人。”

当我们阅读秦大河自传时，多次为他的成长经历所激动。沿着他的足迹，你能感受到一个普通人是怎样一步一步走向南极的。

我的名字

1947 年 1 月 4 日，我降生在位于黄河之滨的兰州市。也许是由于这个原因，父亲给我取名叫大河。

人的一生中，有许多奇妙的巧合，这些巧合，使人的命运也变得奇妙起来。朋友们相聚闲聊时，都说我的名字起得有趣，好像我命中注定要和冰川打一辈子交道。这些话听起来不无道理。我的名字叫秦大河，考大学被录取在地理系。后来，又和冰川结下了不解之缘，而“川”这个字，本意是“河”。“冰川”这个词，在日文里写作“冰河”。“川”与“河”，在词义上确也相通。你说巧不巧？不过，这些都是现在才联想到的，否则，我岂不成了未卜先知的天才？我根本就不是天才，天分并不比别人高，如果不是生在一个比较好的环境里，遇上了一个能够安心学习的稳定的时代，使我能够很顺利地读完小学、中学的全部课程，打下一个牢固的基础的话，我大概不会有机会从事我现在的工作，更不敢奢望踏上南极冰盖。

大学几件事

1965 年秋天，我踏进了兰州大学的校门，学习地质地理专业。进入地理系后，注意到系里的老师、同学们对锻炼身体抓得很紧。学地理的人，一辈子都要与山川河流打交道，没好身体可适应不了。系里一位老教授，当时已是 60 岁的人了，每天坚持锻炼，野外实习，爬山如履平地，我很羡慕他。于是定下一个目标，像他那样练就一个好身体。从此我不管天阴天晴，天冷天热，每天都练长跑。时间久了，特别是“文化大革命”期间，学生根本没人管了，早操也没人组织了，但我仍然坚持，有的同学觉得我有点儿傻，说我神经病，这年头每天大清早还起来跑步，跑的什么劲儿？我照练不误。当时我锻炼身体是一个目的，锻炼意志和毅力是另一个目的。我倒要看看，在别人不干的情况下，我到底能坚持多久？我在大学期间的身体锻炼和毅力锻炼，并没有白费功夫。我这次横穿南极，开头一个月几乎是跑着前进的。可以想象，在那恶劣的生活环境里，如果没有我年轻时练就的长跑功夫，没有毅力，没有坚强的意志，恐怕很难坚持到底。

我进校的第 3 个秋天，“文化大革命”已进入最疯狂的时期。学生不上课，老师被打倒，当时流行口号是“知识越多越反动”。我们系六六届毕业生在分配工作时，不少同学一气之下将大学 5 年的课本和所读过的书籍，全部扔进了垃圾堆。看到他们把那么多好书扔进垃圾堆，我觉得十分可惜，不顾别人奇怪的眼光，从垃圾堆里把那些书捡回来。没想到，这些书在 10 年以后我报考研究生时，起到了意想不到的作用，派上了用场。

1969 年，我被分配到甘肃平凉农村劳动，同本系教经济地理的王焕龄老师住在一起。王先生没有给我带过课，对我不太了解，光知道我是学生。那时候“学生”就是造反派的同义词，所以随时提防着我。开始，我们师生之间从不谈任何事情，说话极少。白天下地劳动，晚上王先生就着煤油灯，学唱样板戏。我晚上没事，心里着急，就拿出一本《政治经济学》教科书看，但心里很不踏实，生怕王先生向别人透露。几天后，王先生没有什么反应。

这本书是讲价值规律的，我有很多不理解的地方，最后实在憋得没办法，就壮着胆子向王先生请教。谁知，王先生来了精神，他睁大双眼，认真地说：“这样吧，你有什么问题，只需告诉我第几章、第几节、第几行就可以了。”我心想：“这么神？先试试您。”于是随便说了一处页码。他略加思索说：“那一定是第几章第几节了。”于是他滔滔不绝地给我讲解开了，精辟的分析，态度的严肃，简直犹如在讲坛上。我佩服得五体投地。在王先生的精心辅导下，我读完了这本书。王先生给我的一句鼓励话是：“好好学吧，你现在是我见到的系上唯一的一个还在读书的学生。”

我的妻子周钦珂和我在中学是同级同学。我当学生会主席时，她是文体部长。我们因工作关系，比较熟悉和了解。她很聪明，学习非常好。高中毕业我考入兰大，她考入兰州医学院。

大学毕业时，钦珂因病住院了，因此推迟分配 3 个月。我当时分到了省农村宣传队和政县分队，那里的生活环境比较艰苦。她出院后，学校将她分配到兰州市永登县的农宣队。谁知，钦珂面对这么好的条件，一点也不动心，直接找到了省农宣队办公室，要求去和政县分队。办公室的一位同志说：把你分到永登县完全是为了照顾你有病的身体，我一笔就可以将你勾到和政去，可你想再回兰州就不容易了。但钦珂执意要同我在一起。我们结婚后，我才知道这件事。她平静地说：“我知道和政艰苦，我也知道我的身体不好，但要苦，我们俩人应该苦在一起，两人一条心，黄土变成金嘛！”我当时听了她的话，感动得流下了眼泪。

钦珂现在是甘肃省人民医院的主治大夫。她一直支持我的事业。近 10 年来，我经常在野外工作，在家里只过了一个夏天。钦珂承担了全部的家务和对孩子的教育。儿子小时总是问钦珂：“爸爸长得什么样子？”对妻子和孩子，我总有一种内疚感。

我的志愿

那还是在大学一年级时，我在系资料室里翻阅期刊，偶然在 1964 年的《地理学报》上发现了施雅风和谢自楚写的《中国现代冰川的基本特征》这篇文章。我在中学时就知道了施雅风这个名字，他考察希夏邦玛峰的事迹刊登在报纸上。我把那篇论文仔细地读了一遍，虽然是生吞活剥，似懂非懂，但使我非常感兴趣，可以说是“一见钟情”吧！自从我读了那篇文章，冰川学就深深地扎根于我的心田了，它时常萦回在我的脑海里。三年五年，十年八年，它始终如梦幻般地吸引着我。

在和政县教书期间，我一边教课，一边注意着冰川学研究方面的进展。1974 年放暑假，我住在兰州的姐姐家。拜访施雅风、谢自楚的想法又向我袭来了，过去几次都因为找不到引荐的人，放弃了，这一次，不管有没有人引荐，我一定要见见他们。我大着胆子来到了中国科学院兰州冰川所的传达室。因为我谁也不认识，进门就说：“我想找一下施雅风和谢自楚。”传达室里的看门人说：“施雅风出差了，谢自楚在，可是今天是星期天，你明天来吧。”“我到他家去找。他家住在哪里？”我不甘心地问。传达室的看门老同志见我很是急迫，就告诉了我具体的楼号和门牌号。我找到谢自楚的家，敲开门，见一位五十来岁的人正在和一个六七岁的小姑娘讲话，小姑娘因有病发烧正在他爸爸怀里撒娇。他堵在门口问：“你找谁？”“找谢自楚。”我说。“我就是，你有啥事？”他问。我见人家不热情，怕发生误会，就急忙自报家门，说对冰川学很感兴趣，想学习学习。没想到，谢自楚的态度马上变了，大开房门，十分热情地请我进到屋里。

谢自楚当时已经是个有名的科学家了，但住房却很差，只有一间屋子，连自行车都没地方放，只能斜着摆在屋子当中。我勉强找了个凳子坐下，和他交谈了起来，越谈越投机。最后，他感慨地说：“现在根本没有人想搞冰川，都认为干这行太苦，你却自己找上门来，我真高兴啊！”接着，他又询问我的学历和专业知识学习情况，并记下了我的工作单位和名字，临走还给了我一些冰川学方面的资料。

没想到，那次毛遂自荐竟成了我人生道路上的转折点。那时候调动一个普通业务人员，尤其是从县调进地处省府的科学院，可不是一件轻而易举的事。谢自楚先生骑辆破自行车到处反映情况，四处游说历时几年。

1978 年 5 月，我被调进了冰川所。当时，我考研究生的初试也已通过了。两个月后，我通过了研究生复试，考取了兰州大学地理系李吉均教授的研究生。李教授考虑到我今后从事专业的需要，在冰川气候变迁方面教会我许多研究方法，这些知识，在我的南极科学考察中起了很大作用。

1980 年 10 月，我获得硕士学位，返回冰川所工作。

两下南极

南极是冰川学家的圣地。对一个冰川学者而言，南极是最理想的研究对象。20 世纪 80 年代初，中国因改革开放的政策而繁荣昌盛起来，我国老一辈冰川学家施雅风教授等科学家联名上书，提请政府把目光投向南极。他们认为，这是反映和衡量我们中华人民共和国雄厚国力的标志。党和国家领导人非常重视这一建议，成立了中国南极考察委员会。

1982 年，谢自楚教授在南极考察时向中国南极考察委员会推荐，可否派秦大河到南极考察。

1983 年 9 月，我到达澳大利亚。在澳大利亚国家南极局冰川室低温实验室做适应性研究。

1984 年 1 月，我登上飞机，向目的地——南极洲飞去。

1985 年 2 月，中国第一个南极基地长城站建成不久，我的第一次考察任务完成了，3 月下旬我回到澳大利亚，在澳大利亚冰川局进行总结性研究。这一次，我发现澳大利亚人对我的态度大变。实验室的负责人热情的态度溢于言表，当我去复印一些资料时，他把资料抢了过去，声称："这种事，交给工作人员去干吧。秦，你是一个科学家，你应当坐下来完成你的研究。"随即指派两个助手协助我办理那些电脑资料输入、复印之类的事务，我很纳闷。后来听说，我在南极工作的那一段时间，他们收到我的许多电传资料，发现了我的科研潜力。1986 年夏季，我参加了中德联合考察世界第二高峰乔戈里峰的一个冰川科学考察工作。当我登上这座举世闻名的冰川，在白雪皑皑的山顶，向南望去，眼前似乎又浮现出了南极的冰川。那年，我正在申请一个南极项目。

1988 年 4 月，我获准第二次到南极考察。这次我将在中国的长城站越冬，任中国南极考察队副队长兼越冬站长。

抓住机会

5 月的一天，我和北京通话时，意外地听到了一个消息。那是 1986 年夏季的一个夜晚，在北极率队徒步探险的美国人维尔·斯蒂克和独自一人徒步到达北极点的法国人路易斯·艾蒂安不期而遇。这两位老牌探险家兴奋地在帐篷里谈天说地，彻夜未眠，诞生了一个大胆的设想，即组织一支国际横穿南极探险队，徒步征服南极。他们的动作真快，北极晤面之后，就到处游说，集资 1100 万美元赞助，于 1987 年组织了美、法、英、日、苏 5 国参加的横穿南极国际考察队，并已在格陵兰大冰盖地区进行了 2700 千米的长途拉练。我在电话中得知，路易斯·艾蒂安正在北京，他的任务是与中国南极考察委员会签订一个合同，邀请一名中国人参加国际探险队。我被这消息所震撼，认为这是千载难逢的机会。经过慎重思考，感到我自己有这个实力。当晚给北京发了电传，向北京报名，又来了个毛遂自荐。

1988 年 12 月，突然接到北京一个神秘的电话：让我量量身体各部位的尺寸。我预感到将有什么事情发生。第 2 天，翘首以待的好消息终于从北京传来。北京通知我将工作移交给课题组同志，立即回国参加国际横穿南极科学探险考察队的活动。

1989 年 5 月，当我兴致勃勃回到兰州后，家中却出了不幸。妻子周钦珂在她工作的医院外遭遇车祸，肋骨骨折，被人抬到了病床上。而我只能在兰州待一周时间。看着妻子昏迷的面容，我心如刀割。这时，北京已得知我妻子出车祸的事情，他们打来电话询问，并表示如果实在脱不开身，可考虑放弃。

当周钦珂清醒过来以后，问我什么事，我只好如实“汇报”。她说:“这已不是我一个人的事，也不是我们一家子的事，而是中国的事情。要是你大河不去，联合考察队中就没有中国的国旗。”当我听到她说“你放心地去吧，不要为我担心”那句话时，眼泪直在眼圈里转。在兰州只待了 10 天，我便匆匆地登上了去美国的飞机。

签生死文书

我到了美国一个名叫伊利的小镇，这里冰天雪地，和南极差不多。其他 5 名队员和狗早已到达这里，我将要在这里接受两个月的强化训练，学会驾驶狗拉雪橇和滑雪。狗拉雪橇我很快就学会了，但滑雪直到训练结束也未学会。

一天，队长让我去看口腔医生，检查的结果是要我拔掉 10 颗牙齿，我大吃一惊。但他们说，要在极地活下去，必须摄取足够的营养，必须吃下干缩食品，牙齿第一，探险中牙齿出了问题谁给你冶？要么拔牙，要么不去。我想，不能因 10 颗牙而因小失大，心一横，10 颗牙就被拔掉了。

外国佬考虑问题很是周详，牙齿拔掉，算是一种预防性措施。更绝的是要我们在探险的合同上签字，那合同写得十分细致，条件也很是苛刻。比方说到人身保险，合同条文是“如果因为探险而死亡，考察队仅按国际民航的规定付与赔偿费，不负任何责任”，“如果你因为参加横穿南极活动而丢失身体的某个部位，赔偿不得超过这个赔偿费用的 10%”，“如果你受伤，不能参加横穿南极活动，考察队只负责将你抢救以后送回你的国家，不负担任何医疗费用”，等等。合同文本在临出发前夕又变动了多次，但目的都是以防不测。

这无疑是一纸生死文书。我记得好像在什么电影中看到过这种场面。此时此刻，面对这几张纸，大家都变得严肃起来，平素那种嘻嘻哈哈的景象不见了。6 个人都认真地阅读那些可怕的条文，然后庄重地拿出笔来，签上了自己的名字。

在那个关头，我并没有多想自己会怎么样，我认为死伤的几率对大家都是相等的，我秦大河命大福大，一定不会遭此大难的！何况，人活一世，总得有死的结局，万一牺牲，也是壮烈的死，总比那种平庸的消亡好得多！人不应当害怕死亡，他们应当害怕的是未曾真正地生活过。

一切准备工作就绪后，我们就乘坐飞机向探险的起点飞去。

今天，探险已不再是十几年前的禁区。对于职业探险家来说，路线的设计要有创造性，要有难度。对于普通人来说，走别人走过的路未尝不可，因为这条路对于每一个个体来说，依然是全新的。我们支持探险的行动，我们更希望探险中培育出的精神能激发人们在各自岗位上对未知领域的跋涉。

探险，不仅仅在路上。

选自《气象知识》，2001 年第 1 期

走向南极（续一）

秦大河

1989年7月16日，我和探险队的其他5名队员、42条狗登上了1架苏制伊尔-76型大型运输机，机身上贴着美、法、英、苏、日、中6国的标志，分外醒目。随机乘坐了20名各国记者，外加40吨探险器材物资。飞机离开美国明尼苏达州，途经古巴、阿根廷、智利、飞往南极。中途逗留古巴时，有2条狗死了，是热死的。原来这些狗不适应热带的气候，它们浓密的皮毛是专门用来适应北极寒冷的天气，到了中美洲，就像活鱼掉进了滚开的水中一般，受不了啦。

我们的飞机于7月24日抵达南极半岛乔治王岛智利空军的马尔什基地。

从飞机上向下看机场，能见度很差，400米外什么都看不见。按一般常规，飞机在南极着陆要试降几次，我们焦急地等待飞机安全着陆。

突然，感到飞机剧烈一震，苏联机长报告，飞机已经着陆了。当大家走出飞机回头一看，才发现那架运输机有点不对劲。机场跑道被飞机砸出一个近 1 米的大坑。我暗想，不愧是苏联货，坚固无比，要是换上别的客机，我们可能就要演出一场“火海余生”了。后来听说这架运输机返回苏联后，因机体受损太大，而被迫报废。

中国长城考察站的全体同志和一些外国科学家跑上来欢迎我们。长城站距机场只有 2 千米，在这次穿越行动中，中国长城站免费负责提供后勤通信保障。

此次行动准备非常充分，国际上赞助的 1100 万美元中，开支 300 万在法国建造了一艘探险船，这艘船装备有现代化的通信导航设备。探险行动开始后，船上的沙特阿拉伯科学家配合穿越行动，环南极洲航行，进行海洋科学考察工作，并与我们保持联系。另外还花 200 万美元租用了国际南极探险网的飞机，负责食品补给。为探险准备的食物也很可观，人的食品约 1 万磅，狗的食品约 2 万磅。中国自然科学基金会还专门拨款 8 万元，赞助我的行动。

探险队成员

我们的探险队，乃是一支精悍的 6 人小组。他们分属 6 个不同的国家。

美国：维尔·斯蒂克，1944 年 8 月 27 日生，美国著名的极地探险家，毕业于大学地质系，当过初中教师，他现在是美国明尼苏达州北部的一个农场主。他从 21 岁开始参加探险活动，拥有数十只良好的极地狗。他在北极已有 14000 英里的狗拉雪橇探险经验。对于他来说，探险是他的人生。他是这次探险队发起人，任此次行动队长。

法国：让·路易斯·艾蒂安，1946 年 12 月 9 日生，职业是内科医生。多年来热衷于极地探险，1986 年只身一人拖着小雪橇步行到北极点，使他在法国声名大振。是他首先邀请中国参加探险队。他也是这次行动的发起人，队长。

苏联：维克多·巴雅尔斯基，1951 年 9 月 16 日生，苏联北极研究所地球物理研究室无线电、冰川学博士。多次在南极越冬，住过苏联南极东方站。他负责这次行动气象、臭氧层观测，报告天气趋势。他和我一样，是有科学考察任务的队员。

英国：杰夫·沙莫斯，1950 年 2 月 19 日生，曾在南极工作和生活过 33 个月。在这次行动中负责导航和后勤。他是我们之中唯一没有受过高等教育的队员，但是，他用古老的六分仪导航的精度，与先进的卫星地面测量仪器相差无几，使我们大为惊叹。

日本：舟津圭三，1956 年 11 月 9 日生，大坂大学商学院毕业，经济学硕士。酷爱探险，曾骑自行车环绕美国，还横穿过撒哈拉沙漠。他这次主要以训狗师的身份出现，在这次考察前，还专门学习了 2 年狗拉雪橇驾驶技术。

中国：秦大河，1947 年 1 月 4 日生，中国科学院冰川冻土研究所极地冰川研究室副主任、副研究员、所长助理。这次担任现代冰川特征、雪层剖面和采集雪样 3 项科学考察工作。

我们的探险队自然还包括 42 条北极狗。它们的任务是拖拉 3 台雪橇，上面载着帐篷、设备、仪器和食品。

我们的衣食住

队员的衣服是特制的，是一种昂贵的化学布料，轻、保暖，而且透气，表面上看很单薄，穿在身上却很暖和。

队员住的帐篷也是用这种布料缝制的，长度有 2 米多，通常住 2 个人。

考察期间使用的燃料是一种纯度很高的可燃液体，用一种类似汽油炉的炉子点燃，既可烧水、做饭，又可用来取暖。在气温 −30 ℃的环境下，帐篷内上部的气温可达 17 ～ 18 ℃，可是夜里睡在睡袋里，身下的温度仍然是 −20 ℃。每天早上起来，10 个手指头冻得发麻，无法伸直，只能一个一个掰直。

探险队员的食物很简单，主食是一种压缩食品，队员们每天要摄取 25140 千焦的热量。尽管这种东西很难吃，还是得强吞下去。以至于探险结束后，队员们连这种食品包装袋都不愿意看见。

尽管气候非常恶劣，但我们队员最亲密的伙伴北极狗，仍然住在帐篷外，每天早上起来这些狗好像消失了，因为它们的身上吹满了雪，只有一个黑点露在外面，那就是它们的鼻子。

日程表和作息表

探险队的全名叫“国际徒步横穿南极科学考察探险队”。行动计划是经过 3 年酝酿定下来的，原计划是 1989 年 8 月 1 日从南极半岛顶端出发，10 月 16 日越出半岛，进入腹地，11 月 23 日到达南极点，再穿越 1250 千米长的“不可接近区”，于 12 月 31 日赶到苏联东方站，在 1990 年 2 月 7 日到达终点，苏联和平站。途中包括 17 次休整。

原计划用 191 天到达终点，而实际上我们的行动提前了 7 天，到达晚了 24 天，共用了 220 天。只有作息表却很精确地被执行着。

6：00 早餐；

7：45 套狗橇；

8：30 滑雪；

13：00 午餐；

18：00 寻找宿营地；

18：00—19：00 搭帐篷、喂狗；

20：30 晚餐；

21：00—22：00 做记录、恢复体力、聊天；

22：00 睡觉。

这张作息表并不完备，实际上每天早上 5：30 我们就得起床，做饭取暖需要 1 个小时，吃得很多，还要喝 1 ～ 2 升水。吃完早餐，就急忙折好帐篷，套好狗撬。8：30 就出发了。滑行 4 个半小时，到 13：00 休息，露天在暴风雪中喝一点饮料。午休半个小时后，又开始滑雪，又是 4 个半小时，一直到 18：00。接着就是寻找营地，搭帐篷，喂狗，做晚饭。我通常在这个时候挖雪坑采雪样，要花 1 ～ 2 个小时。一直折腾到 22：00 以后才能入睡，我入睡前还要记一些日记或者录音日记。

出发

1989 年 7 月 28 日清晨，随着队长一声号令：前进！急不可待的北极狗一跃而起，拖动雪橇向前冲去，队员们头也不回地向南极腹地奔去。

南极是一个神奇的地方。这里气候违反常规，是世界上最寒冷的地方，年平均气温为 −50 ℃，但在夏季，半岛沿海地区最高温度可达零上 10 ℃。在海边生长着一些地衣、苔藓，没有树木，仅在盛夏还能看到一两种美丽的小花。海边还有企鹅、海豹、海象、海鸥。但在内陆几乎没有生命。那里有世界上最清新的空气，没有环境污染，没有尘世的喧嚣，像一个世外桃源。

南极洲上有 2000 米以上的厚度的冰盖，南极洲的面积为 1410 万平方千米，冰盖的面积就占了 1256 万平方千米。南极洲储存了世界上 86％的冰，是亿万年积雪堆积而成的。但那里又是世界上最干燥的地方。年平均降水只有 30 ～ 50 毫米。内陆地区积雪平均约 100 米厚，往下的积雪已变成了冰，形成冰盖。那里没有河流，只有冰川。

令人印象最深刻的是南极的风，最大风速 70 米 / 秒，瞬时最大风速可达到 100 米 / 秒；风速在 10 米 / 秒以上，就形成暴风雪。南极考察人员发生死亡的最高纪录是暴风雪造成的，南极的暴风雪是最可怕的敌人。如果在暴风雪天气从帐篷里出来的话，一定要把帐篷的拉链拉好，否则在一两分钟内，雪就会把帐篷灌满。而且人要退着走，走两三步看看帐篷，如果看得见帐篷，可以再退几步；如果发现帐篷隐约可见，目的地又无处可寻时，就必须返回帐篷，以免迷失方向而死亡。1986 年我在凯西站工作时，有位气象观测人员在刮暴风雪时出去，两个建筑物相距不过 30 ～ 50 米，但他再也没有回来。暴风雪停后，人们发现他的尸体距建筑物只有 10 米。

优美的“舞蹈家”

在南极徒步探险，必须在雪地里行进，而我却不会滑雪，没有滑雪板的帮助，后果简直不堪设想。可我怎么办？只有一条路，前进！我只能在行进中学习滑雪。开始的几天，我踏在滑雪板上跑着前进，跑不几步就栽一个跟头。每摔一次，同伴们就无声地点点头，由于每个人都戴着面罩，不知道他们是在笑我还是鼓励我。法国队长曾幽默地对我说：“秦，你是一个优美的舞蹈家。”我明白法国人在评论我拙劣的滑雪技术，而英国人则非常认真地统计着我摔倒的次数，据说每小时达到 30 次。但他们都友好地鼓励我说，一定会学会的。

一个星期后，我一天只能滑行一个小时，后来逐渐增加。实际上开头的一个月，我就是采取这样跑步式滑雪方式前进的。有时候实在抬不起腿，只能用带子拴在狗撬上，拖一段路，等到体力略微恢复，又开始跳起“优美的舞蹈”。

一个月以后，1989 年 8 月 22 日，我永远记住这个日子，我可以全天滑雪了。穿越极点时，法国人改变了对我滑雪技术的评价：“秦，你将是中国奥林匹克国家滑雪队的佼佼者。”听到这句话，我很自豪。

暴风雪冻伤冰裂缝

8 月 4 日，我们遇到第一场暴风雪，暴风雪的风速是 35 ～ 40 米 / 秒，我们只能侧着身子前进，每小时只能前进 2 ～ 3 千米。从那天开始整整 2 个月，暴风雪几乎没有间断。在这种天气情况下，能见度几乎为零。大家都把头整个包在头罩里，只有我例外，因为我还戴着不能丢掉的近视眼镜。风雪从眼镜框上边钻进头罩，使眼皮和脸部原来就有冻伤更加严重起来，只感到眼皮肿得像一扇沉重的门板。眼睫毛上的冰雪先结成一片，然后合并成几粒黄豆大小的冰球，一眨眼，就打得眼镜叮当作响。宿营后，回到帐篷很久才会融化。

说来也怪，在这种 −30 ℃以下的暴风雪中，我们穿得很少，我只在外套下穿 2 套绒衣，仍然能够支撑。不知是习惯了这种寒冷，还是运动量太大的缘故，我也说不清楚。

永无休止地前进，永无休止地滑雪。当我学会了滑雪以后，可以轻松地踏着节奏前进了。队员们全速前进，相距甚远，有时首尾长达 2 千米，周围只有呼啸的暴风雪，还有急驰的狗群。茫茫雪地，一片混沌世界。

8 月 25 日，我们终于通过了 500 千米长的拉尔森冰架，跨出南极半岛，进入真正的南极腹地。

前面是150千米的冰裂隙地区。说起冰裂隙，在南极冰盖上随处可见，它是冰盖在冰川运动下形成的一种裂隙。有的几米深，有的则深不可测，即使是在无风的天气下也很难发现。因为积雪会在表面形成一个盖子，把这种危险的裂隙掩盖起来。我们在滑行的时候经常感到脚下一沉，回头一看，身后会露出一条冰裂隙来。开始老觉得庆幸没有掉进去，后来也就习以为常了。

在冰裂隙地区，我和杰夫·沙莫斯在前面开路，滑一步，用冰镐探一下，再滑一步，好像探地雷一样，后面的队员严格地在我们身后沿着我们的足迹前进。这样，一天只能前进15千米……

人有滑雪板，压强比较小，可是狗就没有那么幸运了，跑在最前边的狗，至少有5次掉进冰裂隙里。有一次，狗掉进冰裂隙，路易斯·艾蒂安下到7米深的冰缝中把那只可爱的狗救上来。

天气更坏了。有10多天我们被迫宿营，停止前进。在能见度为零的茫茫风雪中，从这个帐篷走那个帐篷，还得在身上拴上绳子，以免走失。

9月到了，整月暴风雪不停。上旬的一天，抵达前站的我和杰夫·沙莫斯与后面的队员失去了联系。我只好集中了雪橇上的所有绳子，连接成一根长长的绳索，拴在雪橇上，像驴推磨那样旋转着找。足足有2个小时，我们才找到同伴。

在这里，我们才真正体会到友谊和团结的精神所在，我们6个不同国籍的人，团结得像一个人一般。每天从出发、休息到宿营，队长没有向谁大声呼喊发号施令，但大家都听从队长的指挥，保持严明的纪律。谁有了困难，其他人总是无声地前来帮助，不管自己多么劳累。我在他们身上学到了很多东西，在最困难的时候，谁也没有气馁，大家都伸出援助之手，友谊和团结使我们无往而不胜。（未完待续）

选自《气象知识》，2001年第2期

走向南极（续二）

秦大河

生日宴会

说我们探险很艰苦，那是事实，但我们自有乐趣。我们每次休整，都会举行一次“国际宴会”。晚上，大家挤到一个帐篷里来，拿出饮料，煮上热茶，唱歌、聊天，气氛热闹。歌声打破了死寂的冰雪世界，好一曲征服大自然的战歌！虽然我们没有酒，也没有豪华的房间陈设，但那种友好和谐的情感却是世界上最真切的。

我们所有队员的生日都在探险中度过。谁要是过生日，必然举办一次宴会。上帝把我们的生日安排得十分均匀：8 月，美国人；9 月，苏联人；11 月，日本人；12 月，法国人；1 月，中国人；2 月，英国人。每一次生日宴会，总是要唱《祝你生日快乐》那首家喻户晓的歌，然后是生日祝词。舟津圭三给法国人的祝辞是：“路易斯·艾蒂安，因为你是属狗的，所以你参加了这次有狗的国际探险队。”日本人也和中国人一样讲究生肖八字。按照中国农历，路易斯·艾蒂安和我一样，都是狗年出生。我心想，秦大河同样有此天命！苏联人维克多十分风趣，每次过生日，他总是献上一首颂诗，歌颂你的“丰功伟绩”。逗得大家开怀大笑。给我的诗用长长的纸条写成，打开像一本奏折。这种用英文写的诗越写越长，最晚过生日的人成了最幸运的人。维克多是一个多才多艺的人，他除了会写诗外，还会谱曲。在他自己过生日那天，为他自己谱写了一首歌曲，我们在他的带领下，现炒现卖，大声齐唱这首世界上最动听的生日祝福歌。

我们一直在想，维克多的多才多艺是否是和他爱喝酒有关呢？在横穿南极第 100 天的宴会上，维克多突然宣布他“偷运”了一瓶白酒，正当大家兴高采烈欢呼时，维克多却在一阵翻箱倒柜之后，遗憾地摊开双手：“不见了！”原来他藏的“私货”早被补给飞机当作多余物资运走了。大家只好以茶代酒，欢快一番。英国人杰夫・沙莫斯最为细心，他出发前带来了 5 张生日贺卡，每次别人过生日，总是郑重其事地写上贺辞，恭而敬之地送给你。

生活就是这样美好，当一个人过生日时，总是感激父母养育之情。在我过生日的时刻，爸爸妈妈的身影长久地浮现在眼前，好像他们就在面前一般。我想起了年迈的父亲，他虽然不大过问我们子女们的事，但他以自己的品德影响了我们。他教导我们的只是为国家工作。他认为他的孩子们不可能是天才，但他们却能够放心地工作。

最关心我的母亲一定在家中念叨她的儿子吧？我想到离开家时，您再三说要把衣服穿得厚厚的，千万不能感冒受凉。我虽然没有遵从你的意愿，穿得很少，但至少没有天天感冒。是您的教育使您的儿子插上了理想的翅膀。您的儿子一定会平安地回到您老人家的身边。

饥饿的 9 月

9 月，在中国人心目中是收获的季节。到处一片金黄，瓜果飘香。可是在我们的行程中，9 月却成了灾难的季节。没完没了的暴风雪使我们的行进日程不得不一再拖延。这里的雪太软，有时每天只能行进 3 千米。为了争取时间，赶在寒季来临之前到达终点，队长下令轻装前进。我们不得不把价值十几万美元的衣物、设备埋掉。

我们有一台功率 20 瓦的无线电通信机。偏偏它有一个月几乎失灵。好不容易来了救援飞机，但由于能见度太差。我们明明听到飞机马达的隆隆声，而他们看不见我们，无法着陆。该死的飞机在头顶盘旋一两个小时又扔下我们不管返回去了。想着那条悠哉航行在南大洋的探险船，它的现代化通信设备有什么用，大家直咒骂。法国队长苦笑着摇头，因为那条船是他监造的。

我们开始感到饥饿。从 8 月起 2 个月来，体力一天进一个大坑里，每人只留 2 套衣服。以便带上所剩无几的食品轻装前进。

我们的食品补给是飞机预先运送在指定地点的，这种地点叫“食物储存点”。每 250 ～ 600 千米一处。每一处存放足够每人 20 天、每只狗 10 ～ 15 天的食品。在储存点上用挂旗的铝制标记作出标示，以便寻找。可是有时因为暴风雪仍然找不到这些标志。有一次 2 个储存点都没有找到，大雪掩埋了一切。我们那时候整天觉得饿，有时滑雪的路上还想着吃一顿家乡兰州的面条，该是上天堂一样的滋味了吧！

这时全队的食物，人的口粮只能维持 4 ～ 5 天，狗则只能维持 1 ～ 2 天。我们不得不限制到每天吃定量的 1/2，狗只有 1/4。那些狗饿得可怜巴巴。晚上拉开帐篷向外看去，几十双绿森森的眼睛闪着寒光。我们不得不采取防范措施，在睡觉前将它们牢牢地拴在雪撬上，谁知道这些爱斯基摩狗和森林野狼的后代会干出些什么蠢事来！

老天有眼。有一天，天空突然露出几个蓝色的洞来，飞机终于在特大风暴前的间隙及时降落了。考察队又一次得救。食品又有了，可是有 16 条狗严重冻伤，不得不空运回基地治疗，用新的狗替换。

飞机还给我带来了北京蜂王精和一盘录音磁带。我听到了长城站的 14 名越冬队员的声音。每个队员都讲了一句话。有一句话是：“大河，知道你现在饥饿感很强，我们恨不得把长城站所有好吃的东西送来！”我咧嘴直笑，使杰夫大吃一惊，以为我在发傻。其实我想的是，在最困难的时候，我的同胞们没有忘了我，我感到了祖国这个强大的后盾，在支持着我。

特大暴风雪果然来了，10 月中旬，我们越过雷克斯山，在接近寒普尔时，气温下降到 −45 ～ −35 ℃。我的冻伤再次加重，感到绒裤面罩也不能保温，真后悔把那么多衣物埋在雪地里。

第一次看到自己

又是半个月风暴，11 月 7 日那天，我们到达帕特里山，远远看到两顶巨大的帐篷，那是国际探险网建造的营地。我们将在这里休整 3 天。我屈指一算。这天是出发后第 104 天。维克多格外高兴，哼起了俄国民歌。我想起来了，今天是苏联十月革命节。

营地为我们准备了丰盛的晚餐，探险网的成员让我们先去讲讲卫生。指着帐篷说，那里有热水，可以洗澡。

说起洗澡，104 来天还是第一遭。6 个人中只有维克多是例外。他有用雪擦澡的绝活，无论什么情况，睡觉前都能赤身站在雪地里，用洁白的雪猛擦那健壮的身体。其他 5 个队员只能望而兴叹。

我们轮流进入帐篷，站在雪地上，头顶上是一只热水袋。我第一次看见自己的身体，吃了一惊，往日的秦大河不见了，眼前是一个瘦骨嶙峋的身躯，皮包着骨头。这时，我第一次感到了泄气的滋味。但这一刹那就过去，头顶的热水兜头浇下来，畅快无比，我也清醒了过来。当然，我秦大河毕竟是秦大河，一条中国好汉。合同条文这样规定：任何人只要说一声回去，飞机就可以运你走。我会说这种话吗？不会，绝不！因为我代表着中华民族，中华民族是绝不走回头路的民族。

过过磅，体重 82 千克，比出发前减少了 15 千克。于是拼命大啖那些可厌的食品，强令自己恢复体力。为了什么？为了我敬爱的祖国。在那些最困难的日子里，祖国这个词成了我最先想到的概念。我有时简直把自己变成了中国的一小条河流，有谁能把我与祖国分开！在这特定的环境下，我就是中国，而中国是不可战胜的。

到达极点

短暂的 3 天休整过去了。我们又精神抖擞上阵了。

我们以最快的速度，比原计划提前 8 天，于 12 月 12 日到达到南极点。南极点是地球最南端的地理零点坐标。要叫它是天涯海角，最为恰当。但这里比海南岛的“天涯海角”要朴实得多。冰雪高原上，树立着一个 1 米来高的树桩似的金属标记。顶端是一个地球模型。在它的周围环列着 1959 年参加国际南极条约的成员国家的 12 面国旗，在风中哗啦啦作响，分外鲜艳。200 米远的地方，是美国建立在南极点的阿蒙森一斯科特站。这是为了纪念那两位人类最先到达南极点的勇士而命名的。

6 名国际探险队员各自拿出自己的国旗，一字儿排开，站在这里，面带胜利的微笑，听任提前赶到这里的记者们拍照。

这是一张多么珍贵的照片，伟大祖国的五星红旗第一次出现在南极点上！我激动得不知说什么好。心里默默地念着：中国！中国！中国！

阿蒙森一斯科特站的美国人热情地款待我们，在这里我们吃到了出发以来就无缘吃到的对虾、牛排和猪肉。这时候，沙莫斯突然拿出一假面具，戴在脸上，他让记者照相，大家哄笑不解。他说，这是专门准备送给侄儿、侄女的礼物。可见这位英国青年用心之细。

我连忙与妻子通电话，报告她这一消息。

“我们已到达极点。”

“我已经在广播里听到了，很高兴。”钦珂平静地说。

“你好吗？”我急切地问。

“我很好，你怎么样？”

“我身体很好，你不用担心。”

“那我就放心了，反正你好了大家都好；你不好，我们也好不了。”这是她常说的一句话，在这时听来却很不是滋味。

我急忙转过话题，大谈这里有多好。心想，这叫“报喜不报忧”嘛。我的面前还有更艰巨的路途呢。

不可接近地区

12 月 15 日，探险队从极点出发向北前进。我们已经走过了 55％的路程，登上地球之极点，亲眼看到了那永远在同一高度绕天边转圈子的太阳奇景。横在面前的是 1250 千米长的所谓“不可接近地区”。

“不可接近地区”这个吓人的名字不知是谁给起的。因为这里人类从来没有徒步进去过。1959—1960 年的暖季，苏联派出一支机械化考察队到达过这里，返回后，再没有谁敢进去过。这里海拔 3000 ～ 4000 米，处于南极高原的顶部，空气稀薄，年平均气温在 −80 ～ −70 ℃之间。1983年7月，苏联东方站测得一个世界极端最低温度记录：-89.2 ℃。所以有人把这里称作“寒极”。要想穿越这个地区，必须在寒季（4—10 月）之前。探险队精心制定的计划是要在 12 月 21 日前后的 20 天南极的盛夏通过这里。这就是我们急如星火般赶路的原因。

当我们穿越这里时，气温是 −40 ℃。很怪，这段路的穿越远没有想象的那么困难，主要是我们已经成为一支“久经”考验的队伍。1990 年 1 月 18 日，我们到达苏联东方站。这个站就设在“不可接近地区”的端点。东方站的苏联人用传统的俄国方式欢迎我们的到来。

清脆的彩色照明弹升上天空，接着是黄色的烟雾弹冉冉升起。东方站站长萨沙手里端着一只盘子，上面放着巨大的面包和盐。全体越冬队员列队欢迎。我们在那里享受到了桑那浴，那是一种用卵石烧红以后再泼上水，利用蒸汽洗澡的方法。一打听，所有苏联的南极站都有这种设备。

当我们离开这里时，东方站派出两台拖拉机为我们“护航”，神气十足，我们信心大增。

2 月 1 日，我们到达苏联共青团站。这里的气温为 −49 ℃，在这时候，狗大量被冻伤。那些勇敢的北极狗，来到了地球另一端的比它们的家乡更冷的地方，整天奔路不停。除了厚密的毛以外，只能在腰间披上一件薄薄的狗衣。它们小小的脚掌在几千里的路程上磨破了，流出了鲜血。无情的冰粒将鲜血凝结成冰球，挂在它们的小腿上。一到休息，它们想要用嘴巴咬去那些冰球，连冰球带毛皮一起撕了下来。看到这些，我们个个都心痛。我们只好把受伤最严重的狗放在雪橇上前进。晚上，驯狗师把个别重伤号带进帐篷精心护理。有几条狗是在行进中放在苏联人的拖拉机上治疗的。它们的性格好像也是从不服输，伤势一旦好转，又立刻拖起雪橇勇往直前。

在这里引用萨迪的一段话不知是否恰当："从外貌看来，人最高贵，狗最低贱。但圣人一致认为重义的狗胜于不义的人。"和我们一起穿越南极的狗，正是真正重义的狗。它们的精神体现了人与自然的和谐，动物对人类的重要性。（未完待续）

选自《气象知识》，2001 年第 3 期

走向南极（续三）

秦大河

"疯狂的科学家"

探险队里，只有苏联人维克多和我有科学考察任务。要论起劳累程度，我的更大些。因为我要沿途每 55 千米采集一次雪样。

采集雪样是这样的工作程序：先在雪地里挖一个宽约 1.2 米，长约 2.5 米的雪坑。有点像地窖的入口，不过只有三级台阶。然后用专门仪器，每隔 2 厘米取一点雪。装入事先净化了的塑料小瓶中。采样的要求很严格，比如，手套是一次性的，用完就得丢掉；口罩只允许用 10 次等等。在长达 6000 千米的路上，我共采取了 800 多个雪样。

为什么要采雪样？这是因为南极的雪永久不化，在一个剖面上可以采到几十年以前的雪样品。科学家通过分析雪样的痕量元素、微量元素的含量，确定当时全球的气候，进而预测未来的气候。在科学家看来这是一项重要的课题。

要是在正常情况下，对我来说，采样只是“小菜一碟”，南极的雪一般比较松软，有个把小时就可以完成任务。但这次非同寻常，我们是在行进中采样。白天，我们要匆匆上路，采样的时间只能在傍晚进行，还有休整时间也是采样的好机会。美国队长非常照顾我，为了在精确距离上采样，不得不一再改变日程表。

要说我是一个人采集雪样，也不很确切，实际上，当我在挖那个长而深的雪坑时，队员们都会主动地前来帮忙，你挖一阵儿，他挖一阵儿，一般有 2 小时就能挖好雪样采集坑。维克多是科学家，他常帮助我进行细似绣花的采集标本的工作。

可大多数时间，我还是尽量独立完成这项工作，同伴们太累了，他们还有各自的事情要做。

记得在“不可接近地区”的前段，我花了整整 6 个小时才挖好一个雪坑。那里的雪又硬又厚，挖上几十下，就得停下来喘口气。等到我回到帐篷，手指已完全冻僵，笔都拿不起来，关节全都肿了起来。我钻进睡袋，感到全身在发热发冷。原来发烧了。路易斯是法国医生，急忙找出药片让我服下。美国队长想到第 2 天还得赶路，直耸肩膀，摇头苦笑。昏沉沉的一夜过去了。第 2 天 5：30，该起床了。我知道，这里不准有病号存在。我挣扎着爬了起来，向帐篷外走去。我几乎已不能行走，只好用腰带拴在狗撬上任它们拖着走。这天我们计划行进 32 千米。但我们还是超过了这段距离，到 37 千米时，我终于倒在了雪地上。美国队长命令宿营。又是昏沉沉的一夜，我好像不知道在什么地方。第 2 天早上 5：30，我习惯地清醒过来了。发现病已全好了，不知道又出了什么奇迹。我们又上路了。

在东方站，我采到了最珍贵的雪样。维克多发现我带来了 3 把铁锹全都裂了缝，二话没说，拿到他的同胞们那里，用电焊结结实实地焊了一遍。

对一个科学家来说，雪样和考察日记如同生命一般重要。在跨过极点以后，我们不得不再一次精减装备。为此，在帐篷里召开了我们 6 国的“国际会议”，大家一致同意这样做。同伴们忍痛割爱，掂掂这，掂掂那，惋惜地丢弃了许多东西。维克多最为难过，他不得不丢掉一件与他伴随一路的气象测量仪器。

我却多了一个心眼，把备用的衣物丢掉，又偷偷再把采样的小瓶塞满了枕头，把标本分装在三四个箱子里，以掩人耳目。我虽然通过了“严格”检查，同伴们还是担心秦的衣物带得太少了，对我的行动表示不解，法国人摇摇头说“真是个疯狂的科学家！”我想起了斯科特他在南极点遇难的几十年后，人们发现了他的遗物，雪撬上还有几十千克的岩石标本，他的队员们是饥饿致死的，但在最后的岁月里，他们仍然没有舍得丢掉那些标本。斯科特的精神就是我的榜样。

日本人哪里去了

我们以每天 47 千米的速度前进，通过了 1250 千米的“不可接近地区”，取得了决定性的胜利。

2 月 13 日，我们到达苏联少先队员站。这里地势开始下降，气温上升，雪下得更大了。但依稀嗅到了海风的潮湿味道。到达目的地已指日可待。

3 月 1 日，晚上宿营以后不久，大家突然感到事情不妙，舟津圭三出去喂狗，很久不见回来。大家一起跑出帐篷，在茫茫雪原上呼喊着舟津圭三的名字作推磨式寻找。苏联的极地“护航拖拉机”也隆隆地来回绕圈子寻找。车灯在大风雪中闪闪发光。那一晚我们都在外面来回奔跑，整整 13 个小时后，才听到舟津微弱的回答声。我们朝声音方向找寻过去，发现雪地上有一个小小的洞。挖开雪堆，舟津笑眯眯地钻了出来，说他没事儿。当他看到 50 米外的帐篷时，连他自己也觉得吃惊。

原来，他昨晚走出帐篷不久，暴风雪就加大了。能见度立时变成了零。舟津看不到目标物，不敢贸然行事，怎么办？这位机灵的日本人当机立断，从口袋里找出一把小钳子，开始学我挖坑的样，在雪地里挖了一个洞，钻了进去，只露出一个供呼吸的孔。外面的雪花在不停地下，想把那个不协调的小孔堵起来；舟津在里面偏偏不信老天那套，你堵我就挖，整整挖了一个夜晚，他才得以安然无恙。

看他的衣服，仍是那套单薄的防寒服，我暗暗地赞叹美国公司产品的高质量。

我们热情拥抱，祝贺他的成功，舟津说：有神保佑我，到不了和平站我算什么日本人。

维克多却认为多亏那天晚上的气温只有 −20 ℃，如果在 −30 ℃，雪洞早就成为舟津的墓棺了。我说：舟津真是幸运儿！维克多专门为舟津编歌一曲，以示纪念。

这里距和平站还有 26 千米路程。

胜利

1990 年 3 月 3 日，当地时间 7：10，我们按照总指挥部的命令，一分不差地滑行到我们的终点站——苏联和平站。

300 米之外，已看到一辆苏制拖拉机隆隆开来。拖拉机的样子真有点像坦克，上面伸出的摄像机咔咔作响，像什么新式武器似的。我们穿过写有“终点”的横幅，各国记者纷纷拍下了那珍贵的镜头。

当我们解下滑雪板时，看到了各国国旗环列四周。我找到了五星红旗。

此时此刻，我们 6 名勇敢的人，代表着各自的国家，代表着全人类，经过 220 天，徒步行程 5986 千米，完成人类历史上征服大自然的又一壮举。作为一个中国人，我激动万分。我知道，此时此刻，卫星已把我们胜利到达终点的图像传遍了全世界。我的祖国，11 亿中国人民正在和我们共同分享这一欢乐；全球几千万华人也在分享这一欢乐。世界人民在称颂这一代表“和平、合作、友谊”精神的伟大成功。沙莫斯的一段话说得非常好：“我认识到这并不只是我个人的事，它属于成千上万帮助过我、时刻关心着我的人们。现在才觉得，这次探险考察对人们来说，就像是看一场扣人心弦的电影，也有点像观看人类首次登上月球的电视录像，使得他们和我们一样同兴奋、共喜悦。”、

我心里呼唤着自己的名字：秦大河，为了祖国，你成功了！

中国人的骄傲

横穿行动的成功震惊了全世界，特别是参加行动的 6 个国家，更是欣喜万分。3 日 3 日当天，我们接到了中国总理李鹏、美国总统布什和夫人、法国总统密特朗的贺电。李鹏总理早在考察队到达南极点时就发过一次贺电了，可惜因通信故障而未看到。这次我拿着两份电报，感到了我国政府和人民忠于南极条约的宗旨、为和平利用南极贡献力量的诚意。随后，我们又先后收到日本首相海部和英国首相撒切尔夫人的贺电。

3 月 8 日，我们乘坐一艘苏联极地考察船“祖波夫教授号”离开和平站，8 天后到达澳大利亚港口城市富兰蒙特尔。在澳大利亚悉尼市受到当地政府和人民的欢迎。澳大利亚外交部长设酒会欢迎 6 国队员。澳大利亚人说，尽管我们自己没有队员参加这次活动，但考察队员完成任务回到文明社会第一站，就到达澳大利亚，我们感到很光荣。

3 月 23 日，我们到法国的第 2 天，法国总统密特朗接见了全体队员及工作人员。在巴黎市法国国家科学博物馆举行了一系列的活动欢迎我们。

3 月 24 日，在途经英国伦敦机场时，我们举行了记者招待会。

3 月 25 日，我们到达美国首都华盛顿。次日，在美国国家新闻中心举行了最高级别的新闻记者招待会。3 月 27 日，美国总统布什和夫人在白宫玫瑰园接见了全体队员。当晚参议院通过决议，将此举载入美国史册。

这是一种“串门”行动。我们事先商定过，横穿成功以后，要结伴到各自的祖国参观访问，下面的地点自然是日本、中国、苏联、英国，还有沙特阿拉伯。

4月8日，我回到了祖国的首都，在那里受到国家南极委员会和中国科学院的欢迎，并给南极征文获奖者颁奖，看到了我国的少年儿童和20多个国家的少年儿童一起参加热爱南极活动的丰硕成果。

4月13日，我回到了故乡兰州。家乡的人民、党政领导人以隆重的仪式欢迎我的归来，把我视作"英雄人物"，使我十分感动。当我接过一束束少先队员献上的鲜花时，又想起了我幸福的童年。

5月7日，6国队员一块儿去了日本，在东京受到日本首相海部俊树的接见。

5月9日，探险队的全体成员：秦大河、让·路易·艾蒂安、维尔·斯蒂克、维克多·巴雅尔斯基、杰夫·沙莫斯、舟津圭三和辅助队员：沙特阿拉伯科学家穆斯塔法·毛阿马拉、伊布拉海姆·阿拉姆，在中国首都北京的人民大会堂受到了中国国家主席杨尚昆的亲切接见。杨主席说，中国有句话："不到长城非好汉。"比起你们来，应该改一改，改为不到南极、北极非好汉。杨主席还说，6位英雄中也有中国的一分子，这是中国人的光荣。

考察探险队向杨主席赠送了一件橘黄色的南极服上衣，上面绣着中、美、法、苏、英、日6国国旗。杨主席穿上这件衣服，高兴地说："我也成了南极考察队员啦！"他热情地为我们题词："为南极科学考察事业努力奋斗！"

最令人难忘的是，我在海外，所经之处，一定有华人热情地向我致意。华侨们要求签名，高举着横幅，上面写道："我们是中国人——我们为你感到光荣。"有一张条子上写的是："秦大河——中国人的骄傲！"

看到这些激动的场面，我对这次横穿行动的认识加深了许多，我的行动为炎黄子孙、为祖国赢得了荣誉。

儿子不服气

回到家中，行李还没顾上打开，就被记者围追，加上连续一星期的报告会，无法在家里安静下来。我和儿子只在机场见了一面，他又去上他的学了。他今年上高三，是应届毕业生。在这个年龄的年轻人，他想什么，我这个做老子的竟无时间去和他聊一聊。记者告诉我，在去年美国广播公司记者来兰州采访时，问他"对你爸爸横穿南极，有何想法"时，他回答是："我爸爸能征服地球的最南端，我已无处可去了，看来我只好上月球去了。"听到这句话，我嘿嘿一笑，说："好小子。"

对于我这个独生子，我还能说些什么？这几年来，我大部分时光都在野外、国外度过。儿子小时候问妈妈："我爸爸长得什么样？"听到妻子说这些话时，我竟无言以对。中国有一句老话：三岁看大，七岁看老。我只在他小时候带过他，深信他的品行。我把他和当代青年人一样看待。他是中国下一代的一员。他们有他们的追求和向往。我深信不疑，青年一代一定会超过我们。有人看不惯青年人的跳舞啦，讲话啦，行为举止啦。我对他们说，也许我在国外生活得时间长了一点，我看到外国科学家舞跳得好，但他们的科研搞得更好。

更为难于启齿的是，我觉得欠妻子太多太多。这些年来，家务、教育孩子的重担都压在她的身上，但她从来没有叫过苦。她贤慧，勤劳，任怨，从来没有动摇过对丈夫事业的全身心支持。我只有在心底里念叨：钦珂，我的成功，有一半应归于你的支持。

八十多岁高龄的父亲见到我只说了一句话："大河不负我望。"我还听说他对记者说："我要是再年轻些，也想到南极冰盖上去站一站。"虽说如此，我知道父亲对我仍不是很满意的。他曾对我说过，你要拿一个真正的博士学位，现在有些职称名不副实。

母亲却仔仔细细地从上到下看着我，用手抚摸着我脸上的冻伤痕，眼泪挂在眼角。

父亲告诉我："你母亲那段时间天天在合掌祈祷。我问：你向哪位神仙祈祷？她说：谁能保佑我的儿就向谁祈祷。"

我还是秦大河

回到祖国后，国家南极委员会给我荣记一等功，甘肃省委、省政府授予我特等劳动模范和优秀专家称号，中国科学院破格晋升我为研究员。

荣誉面前，我感到包袱沉重。有时也想，荣誉是一种好东西，人人都在追求它。可是一旦荣誉变成了负担，那你就应立刻警惕。我目前就面临这种局面。

我非常欣赏"人贵有自知之明"那句箴言。秦大河是什么样的人？我只是一位中年科学工作者，是默默战斗在祖国各条战线的十多亿中国人中的一员。我只是尽了我应该尽的职责。我得到的这些殊荣应该说是党和人民对我工作的肯定和支持。

也有些同志问我，你是否碰巧了，你的运气真好。我笑而不答。我有自己的观点。我认为他充其量只讲对了一半。我讲过机遇像河流一样从身边流过那个道理，如果你没有充分的准备，没有紧紧把握住它，那你就应该问自己，究竟是你的问题，还是客观世界的问题。

一个人的成长，要靠社会的培养，更要靠自己努力。有远大志向，加上一步一个脚印地向前走，任何人都可以达到一个光辉的顶点。

这里还要讲一下毅力的重要性。我之所以能够横穿南极，毅力起了决定性的作用。我对人们说，不光是凭体力，而是凭坚强的毅力，使我走完了那6000千米。这和万里长征是一样的。崇高的目标，加上惊人的毅力，人世间的任何奇迹都能创造。

以后我还要做些什么，当然是科学研究。我是一位冰川学者。我的心已飞到实验室，我那珍贵的800多个雪样在法国的一个冷库中焦急地等待着我去研究呢。

因为，我是秦大河。过去我是秦大河，将来，我还是秦大河——一个普普通通的中国人。

（全文完）

选自《气象知识》，2001年第4期

『专』是气象服务的发展方向

马鹤年　庄肃明

气象科学是一门应用性很强的学科。早在远古时代，人类的祖先就开始为了抵御风、雨、寒、暑，利用气候变化创造了供人类休息的窟窝。约在公元前500年，古希腊就发现了有关航海与风、降水、雷暴的关系，并以文字形式刻于海岸人类居住的石板上。我国战国时《墨子》一书中曾记有“为宫室之法曰:高,足以避润湿;边，足以圉风寒；止，足以待雪、霜、雨、露。”明确了房屋建筑可制造出适宜人居住的小气候。西汉时期在《淮南子》一书中就提到“舶棹风云起”，意指东南季风开始，有利于南洋船舶到来，古称为“舶棹风”。这是古代在航海中利用气象知识的典型事例。

随着社会的进步和人们生活质量的不断提高，气象信息已经成为人们日常生活中不可或缺的重要信息。作为气象部门如何使发布的天气预报信息能够被用户了解并能作为经济活动的决策依据，指导生产、生活，发挥它最大的经济效益，这是目前迫切需要解决的问题。用户需要了解气象信息具有相对的正确性（或称为具有一定的不确定性）一面，并能向气象部门提出对气象信息具体的要求；气象部门根据用户需要，应当做出有针对性的服务，供需双方取得共识，才能够在不利天气到来之前，做出防御决策，达到减少损失，提高经济效益的目的。

为什么有些用户在利用公众气象预报信息时，没有得到良好效果呢？有以下几个原因。

公众预报不能完全满足用户的特殊需求

公众预报不能满足社会广大气象用户需求的主要原因是：

地域和空间尺度的差异。现在气象部门提供的公众预报相对来讲还都是大范围的信息，如预报一个省或一个城市的天气，而用户所需要的是线上的（如在航空航海中航线的天气）或点上的（如一个库区、一个飞机场、一个施工现场）气象信息，大范围的天气预报会产生提供者与使用者之间的错位。造成这种错位的原因很多，有的可能是地理、地形造成的，有的可能是不同尺度天气系统的影响造成的。我们知道大的天气系统的尺度有几千千米，小的天气尺度也就几千米到几十千米范围，而小的天气尺度系统造成的天气往往又交织在大的天气系统之中，其生命史很短，比较难观测和预报。我们目前获得的地面气象信息主要是靠设置在一些固定的气象观测场上的气象仪器观测得到的。用这些从一定范围固定观测站点获取的气象资料来预报一个点的气象状况，显而易见预报结论在现实中只能是具有基本的代表性。

时间的差异。天气预报是有时间性的，气象信息服务的用户所需要的信息是该系统所在地特定时间的气象信息，而气象部门一般所提供的往往是时间尺度都比较大的信息（1～3天的预报）。尺度越大的气象系统，往往气象要素的空间分布比较一致，持续时间比较长；而尺度较小的天气系统则往往具有较短小的时空分布，天气变化剧烈，如局地特大暴雨、龙卷风等。用大范围的气象信息预报特定的时间、地点气象要素的做法，就像用大网打鱼往往会漏掉小鱼，即一个地区大范围普遍出现了某种天气现象如下雨了，而某个局地却没有下雨；或某个局地下暴雨了，可较大范围的地区却没有下的情况。这也就是天气预报中有时出现的突出了天气变化的一般性而忽视了它的特殊性。

“供”与“需”的差异。不同的用户有不同的气象信息需求，从事铁路运输的用户最关心的是温度的高低，当气温低于 −25 ℃时铁轨会明显缩短，轨道缝隙增大。当气温连续数天高于 25 ℃时，铁轨会明显增长，轨道接头处会隆起或错开。温度的高低对列车的运行安全关系很大。从事海洋运输的用户则更关心的是雾和风向、风速。当大雾弥漫时行驶在海洋上的船舶会迷失方向，较易造成海难事故。当出现强的顶头风和侧向风时，可能使行驶的船舶偏离预定的航线，造成燃料和时间上的极大浪费。由于各行各业有着不同的需求，气象部门做出公众化的、大范围的天空晴雨、气温高低的一般预报，不能提供既“对号入座”又“点对点”的气象服务，难以满足用户的需求。为了缩小这种“供”与“需”的差异，气象服务必须专业化和细化。

气象信息的作用有时得不到充分发挥，除了以上三条提供者的原因外，用户对提供的气象信息如何使用也是至关重要的。

英语中把天气学称作Synoptic meteorology，即概括的气象学，其意义是指天气学是一门需要作综合判断的科学。对大气科学的理论研究已经到了较高的水平，在大气探测中也使用了高科技的雷达、卫星，气象预报已经是数值预报等多种方法的集成预报，其综合性的含义已经有了新的延伸和发展，远远超越了原来Synoptic一词的内涵。其综合性的含义已经有了新的延伸和发展，远远超越了原来的Synoptic一词的内涵，但是气象预报仍存在一定的不确定性。如何利用这些可靠性不一的信息呢？例如：在一个晴雨不定的天气形势下，气象台预报明天下雨的概率是60%。如果你要出门是带雨伞还是不带雨伞呢！在这样一个不确定的情况下，无论决策人采取什么样的决策，都要为此决策承担一定的风险。对一个体弱多病的老年人来讲，带上雨伞虽有些累赘，但预防雨淋保护好身体应该是一个明智之举；而对一个身体强壮的年轻人来讲，则不必更多考虑防雨的措施，如果真的下起雨来，也对身体健康影响不大。可以说在气象信息的使用上是“仁者见仁，智者见智”，不同的决策人会产生不同的效果。要想满足广大用户的特殊要求，需要做到以下几个方面。

发展个性化的气象服务

几乎任何消费产品在发展成熟时都会走向市场的细分化和使用的个性化，气象产品也是同样要追求气象信息消费的个性化。随着气象信息的广泛应用，气象用户已经不再满足气象部门提供的一般气象信息。气象产品随着科学技术的发展，专业化程度越来越高，分工越来越细。当气象服务有明确的专业性、针对性时，才能较好地满足用户的需要，产生理想的服务效果。因此，现代化的气象服务除了做好公众预报之外，专业化是气象服务的发展方向。专业化的气象服务要求提供专业化的服务产品。所谓专业化的气象服务产品是根据用户特定的需求专门为其制作的产品，是具有专业性、针对性的产品。为了制作出这样的产品，首先要针对用户的特定需要，找出特定的气象服务指标。

例如，1998 年 6 月末至 7 月上旬，长江上游连降暴雨，上游水位陡涨，直接威胁三峡工程。7 月 14 和 15 日两天是三峡工程是否要停工或撤出工地的紧要关头。国家气象中心专业气象台为三峡工程指挥部提供了 16—17 日将有一次雨量为 30 ～ 40 毫米的降雨过程的预报。三峡工程指挥部认为此雨量不超过工程停工的警戒雨量，决定不停工。准确的预报，正确的决策为工期节省了大量的时间，效益十分显著。

目前，市场经济的发展和人们生活水平的提高向气象部门提出了许多特殊预报需求（如一连几天的商品展销洽谈会天气预报）、专项预报需求（如每年汛期某水库有关蓄水排水的雨量预报）和精细预报需求（如某运动会帆船比赛要求几时至几时某湖区风力 3 ～ 4 级、风向偏东多少度范围预报）。各行各业的专业预报服务涉及范围极广，每一项专业化预报都需要专门下功夫才能逐步满足用户的需求。

发展气象工程服务

有些气象服务产生的效益必须通过气象工程服务来实现。气象工程是根据气象信息，对用户进行一条龙的工程性服务，以达到防灾减灾、趋利避害的目的。

我国古代聪慧的劳动人民，很早就提出过不少具有较高科学价值和实用性的防灾减灾措施指导农业生产。如北魏时代在《齐民要术》中就提出用熏烟防霜的科学方法，指出："凡五果开花盛时遭霜，则无子……此时放火，少得烟气，则免于霜矣。"

随着气象科学的不断发展，现代气象工程服务也有了长足的发展。上海市气象局开展的防雷气象服务，与市公安消防队、防雷技术监督以及城市建设管理部门联合组织实施，从防雷产品质量检查、防雷设施安装质量验收、防雷设施维修、制订防雷管理条例以及城区雷暴预报等，进行全面跟踪服务，取得了良好的效果。

又如，2000—2001 年我国北方大部分省市出现了冬春连旱。旱区气象台站的预报人员密切注意可能产生降雨的天气过程，当预报有降水云层途经本地上空时，及时向气象局人工增雨作业部门提供信息。该部门根据卫星云图、雷达回波资料和预报结论，在确定实施人工增雨后，选择作业时间、地点，组织人员采用高炮、火箭和飞机作业。北京、天津、河北、山东、辽宁等地都下了较大的雨，旱象解除，人工增雨取得了较明显的效果。

以上表明，气象工作者不应把自己的工作范围仅仅局限在提供公众和专业气象信息服务的圈子里，还应组织一条龙的气象工程服务，积极开发新的项目，如：风能资源利用工程、太阳能利用工程、热量能源利用工程、降水资源利用工程、交通运输气象调控工程等。

发展气象科学技术的最终目的是以气象知识造福于人民，有效地使用气象信息就是实现这个目标的具体途径。相信以提高预报准确率为机身，以个性化专业服务和气象工程服务为两翼，气象事业将会伴随着我国的经济一起腾飞。

选自《气象知识》2002 年第 1 期

全球变暖在改变我们的生活

丁一汇　孙冷　李晔

一位专家说过："人类排放导致大气中二氧化碳增加，它允许阳光进入，但阻止太阳能转变的热能散入太空，其原理与温室一般无异。但是，这一温室是如此巨大，它捕获的能量又是如此巨大，与复杂的气候系统相结合，这样的能量就绝不会是动物园里饱食终日懒洋洋地晒太阳的老虎，而是被囚禁的不断积聚能量的怒龙。"

龙翻江倒海，它的归宿是广漠无垠的太空，囚禁它的"温室"自身也就不得安宁——二氧化碳等温室气体的增加导致全球气候的变化，更多的暴冷暴热，更多的狂风暴雨，更多的持续干旱，还有暖冬过后的沙尘暴，人们纷纷埋怨：天气咋这么闹腾？

无论你是否关心　全球正在持续变暖

2001 年，由世界气象组织和联合国环境规划署建立的政府间气候变化专门委员会（IPCC）发表了它的第 3 次评估报告。这份报告是由来自世界各领域的约几千名科学家，历经 5 年时间对气候变化进行研究所取得的最新成果。报告指出：

• 1860 年以来全球地表平均升温 0.6±0.2 ℃，最近 20 年是过去 100 年中最暖的。20 世纪北半球温度的增加可能是过去 1000 年中最高的，即最近 100 年是过去 1000 年中最暖的。

• 降水分布也发生了变化，大陆地区，尤其是在中高纬地区降水增加，但也有不少地区降水减少，如非洲地区。有些地区极端天气与气候事件（厄尔尼诺、干旱、洪涝、雷暴、冰雹、风暴、高温天气和沙尘暴等）的频率与强度都在增加。

• 从 1900 年以来，海平面上升 10 ～ 20 厘米，大部分非极地冰川正在退缩。北极海冰的范围与厚度在夏季明显减少，极区冻土带消融、变暖和退化；水文循环出现加剧的趋势。

• 世界上许多地区的陆地和海洋生物系统受气候变化的影响，尤其是受区域温度增加的影响，发生了显著变化，其中，包括北半球生物生长期近 40 年中每 10 年延长约 1 ～ 4 天，动植物活动区北移、上移，具有更早的孵化期、开花期、迁移期和病虫害暴发期，珊瑚具有更频繁的漂白期。

• 大气中的温室气体（二氧化碳、甲烷、氧化亚氮、对流层臭氧等）以及造成大气冷却作用的硫化物气溶胶的浓度明显增加，尤其是二氧化碳可能已达到了过去 42 万年以来的最高值。

上述事实表明，地球的气候系统正经历一次以全球变暖为主要特征的显著变化，我们目前正处于一个全球变暖的世界。

根据 IPCC 的结果，这种变暖是由自然的气候波动和人类活动共同引起的，温度的升高与二氧化碳浓度的升高是同步的，但最近 50 年，全球变暖主要由人类活动所造成。

无论你是否愿意 气候变化正在改变你的生活

常做“坏事”的厄尔尼诺比现在更加频繁地光顾，遮天蔽日的沙尘暴扩张出更大的“势力范围”，拥有“暖床”的蚊子由于“蚊口”膨胀索取更多的“食粮”，一些岛国的居民由于海平面上升不得不迁徙他乡……

我们相信，一定没有人希望出现这些情形。但是，人类又的确面临着这样的事实：近百年来发生的气候变化已经对人类生存环境的许多方面都造成广泛、复杂而又深远的影响。这种影响是十分明显的，又是全方位、多尺度和多层面的，既有正面影响，也有负面效应。

但目前它的负面影响更受关注。全球气候变化的影响主要可概括为对自然生态系统的影响和对社会经济系统的影响两大方面。

自然生态系统似乎最容易遭受气候变化的负面影响。观测表明，气候变化对全球许多地区的自然生态系统都产生了影响。这些影响的后果主要表现为：冰川的退缩、冻土的融化、河湖冰层的迟冻和早融、中高纬植物生长季节的延长、动植物分布范围向极区和高海拔区延伸、某些动植物数量的减少、一些植物开花期提前以及海平面升高等。事实上，自然生态系统由于其有限的适应能力而对气候变化表现出特别脆弱的特征，一些系统可能遭受严重的、甚至不可恢复的破坏。随着气候变化频率和幅度的增加，这些受影响的系统在数目上会有所增加，而且其遭受破坏的地理范围也将增加。

同时，气候变化也对人类社会经济许多方面都造成影响。首当其冲的是农业，因为人类最为关注的还是粮食需求与粮食安全问题。农业作为最充分暴露于自然条件下的产业，与气候的联系紧密而微妙，农业部门可能是对气候变化反应最为敏感的部门之一。目前，世界许多地区的农业仍未摆脱“靠天吃饭”的被动局面，即使发达的地区和国家，气候的冷、暖、干、湿变化也都会引起农业生产环境、布局和结构的变化，从而影响种植业、畜牧业和水产业等生产。

全球变暖后，水资源将是危及人类生存与发展的又一大问题。因为气候变化可影响降水的径流和蒸发等过程，从而影响整个水循环过程。全球变暖可能会改变区域降水量和降水格局，极易造成降水极端异常事件的发生，导致洪涝、干旱灾害的频次和强度增加。

众所周知，许多媒介传染疾病如通过昆虫、食物和水传播的传染性疾病（如疟疾、登革热、血吸虫病等）对气候变化非常敏感。全球变暖后，疟疾和登革热的传播范围将增加，这两种通过昆虫传播的疾病将殃及接近 1/2 的世界人口。而且，气候变化可通过各种渠道对发病产生影响，危害人类健康。人们也会因气候变化而产生不适应的感觉，助长某些疾病的蔓延和使病情加重甚至导致死亡。

人居环境也会受到气候变化的影响。最普遍的灾害是洪涝和干旱。目前人类正遭遇水和能源短缺、垃圾和交通污染等一系列的环境问题，这些问题可能因高温多雨而加剧。低海拔海岸区的城镇化正在快速发展，人口居住密度增加，而这些人为财富（城市）则往往处于海洋气候的极端事件危险之中，有时会受到严重的破坏。

总之，全球变暖造成的影响是全面而深刻的，它将影响自然生态系统和社会经济系统提供的基本生态产品和服务的能力，许多区域都可能遭受不利影响，有些影响甚至是不可逆转的。尽管这些影响的潜在危险性尚需定量研究，但气候变暖会给人类带来损失，适应这种气候变化会花费人类巨额代价，这一观念已为大多数国家所接受。

目前全球变暖已成为关系到人类生存与可持续发展的全球性问题，受到了国际社会、各国政府和公众的普遍关注，并已提上国际政治活动议程。

2002年4月5日，在北京召开的中国气候大会，共同研究确定了我国未来10年气候和气候变化工作的发展方向和对策。正如2002年4月当选为IPCC主席团第一工作组主席的国家气候委员会主任、中国气象局局长秦大河所说：实现可持续发展必须考虑和关注全球变暖，加强气候与气候变化研究，增强气候灾害的防御能力。

选自《气象知识》，2002年第3期

气候变化对人类社会的影响

丁一汇

气候作为人类赖以生存的自然环境的一个重要组成部分，它的任何变化都会对自然生态系统以及社会经济系统产生影响。全球气候变化的影响将是全方位的、多尺度的和多层次的，既包括正面影响，同时也包括负面效应。但目前它的负面影响更受关注，因为不利影响可能会危及人类社会未来的生存与发展。研究表明，气候变化会给人类带来难以估量的损失，适应气候变化会花费不小的代价。

气候变化对自然生态系统已造成并将继续产生明显影响

观测表明，全球气候变暖对全球许多地区的自然生态系统已经产生了影响，如海平面升高，冰川退缩，冻土融化，河（湖）封冻期缩短，中高纬生长季节延长，动植物分布范围向南、北极区和高海拔区延伸，某些动植物数量减少，一些植物开花期提前，等等。自然生态系统由于适应能力有限，容易受到严重的甚至不可恢复的破坏。正面临这种危险的系统包括冰川、珊瑚礁岛、红树林、热带林、极地和高山生态系统、草原湿地、残余天然草地和海岸带生态系统等。随着气候变化频率和幅度的增加，遭受破坏的自然生态系统在数目上会有所增加，其地理范围也将增加。

自然生态系统按其生长环境可分成陆生与水生两大类生态系统。前者又可按其植被类型分成森林、草原、荒漠等生态系统，也可按地形划分高山、盆地、海岸带等生态系统。后者可分成海洋和淡水两类生态系统，其中淡水又分静水（湖泊、池塘水库、湿地与河口湾）生态系统与流水（江、河、溪流）生态系统。下面选取冰川、湖泊、江河、海岸带、植被（森林、草原）和农业等对气候变化较为敏感的生态系统为例，介绍全球气候变暖对自然生态系统影响的观测事实和未来可能的演变趋势。

自然植被的地理分布与物种组成可能发生明显变化

气候是决定生物群落分布的主要因素，全球生物群落的分布类型与全球年平均气温和年降水量有很好的对应关系。自然植被分布的变化最能体现气候变化的影响。距今6000年前左右的全新世大暖期的鼎盛阶段，我国植被带明显偏北。现今西北地区的草原与荒漠区，在全新世曾是广阔的温带森林和森林草原，各种草原动物也非常丰富。但随着全球气温的波动式下降，同时受第四纪冰期气候波动和青藏高原及其周边山地隆升的影响，我国自然环境出现了明显的区域差异，生物多样性也随之发生了显著变化。

气候变化对生物多样性的影响，取决于气候变化后物种相互作用的变化，以及物种迁移后与环境之间的适应性平衡。在移动过程中，生态系统并不是作为一个一个单元整体迁移的，它将产生一个新的生态结构系统，生物物种构成及其优势物种都将会变化。这种变化的结果可能会滞后于气候变化几年、几十年，甚至几百年。植被模拟研究显示，气候变化时，某些物种由于不能适应新环境而面临灭绝的危险，也可能出现新的物种体系。

全球变暖将对我国植被的水平及垂直分布、面积、结构及生产力等产生很大影响。气候变化将改变植被的组成、结构及生物量使森林分布格局发生变化，生物多样性减少等等。

冰川、冻土和积雪可能减少

高山生态系统对气候变化非常敏感，冰川将随着气候变化而改变其规模。由于全球变暖，一些冰川出现了减少和退缩现象。如非洲乞力马扎罗山的冰川面积在1912—2000年减少了81%。1889年它完全由冰雪围绕，今天只剩下15%由冰雪围绕，且主要由季节性冰雪覆盖。

我国乌鲁木齐河源 1 号冰川，自小冰期后期以来，一直处于后退状态。1962—1980 年，冰川退缩了 80 米；1980—1992 年，冰川又退缩了 60 米。据 1959 年开始观测以来所积累的资料，该冰川的物质平衡亏损 20 世纪 60 年代平均为 53 毫米 / 年，20 世纪 80 年代增到 346 毫米 / 年，1990—1991 年间更增至 706 毫米 / 年。1959—1986 年累积负平衡达 6130000 立方米，相当于冰川减薄 3.25 米。在乌鲁木齐河流域，1964 年航测地形图上共量算到的冰川面积为 48.2 平方千米，1992 年再次航测冰川面积已减至 40.9 平方千米，减少 15.1%。

据资料推算，我国西北各山系冰川面积自小冰期以来减少了 24.7%，达 7000 平方千米左右。

随着全球进一步增暖，山地冰川将继续后退萎缩。根据小冰期以来冰川退缩的规律和未来夏季气温和降水量变化的预测，估计到 2050 年我国西部冰川面积将减少 27.2%，折合冰量约 16184 立方千米。其中，海洋性冰川减少最显著，为 52.5%，6925 立方千米；亚极地型冰川次之，为 24.4%，6631 立方千米；极地型冰川最少，为 13.8%，2629 立方千米。三类冰川的冰川物质平衡每年亏损值分别高达 1318 毫米、900 毫米和 623 毫米，冰川平衡线高度将分别上升 238 米、168 米和 138 米。未来 50 年西部地区冰川融水总量将处于增加状态，天山北麓与河西走廊最大融水径流预计出现在 21 世纪初期，其年增长量为几百万到千万立方米不等；柴达木及青藏高原的内陆河流域冰川融水高峰预计出现在 2030—2050 年，年增长 20%～30%；塔里木盆地周围高山冰川 2050 年前径流增加量可达 25% 左右。

表 1　我国西北各山系小冰期冰川与现有冰川比较

山系	小冰期盛时冰川面积（千米 ^{2}）	现有冰川面积（千米 ^{2}）	面积变化（千米 ^{2}）	百分比（%）
阿尔泰山	449	293	−156	−53.2
天山	12248	9196	−3052	−33.2
帕米尔	2882	2206	−676	−30.6
喀喇昆仑山	6630	5925	−705	−11.9
昆仑山	9835	8735	−1100	−12.6
祁连山	3288	1972	−1316	−66.7
总计	35332	28328	−7004	−24.7

随着全球进一步增暖冻土面积继续缩小。未来 50 年，青藏高原多年冻土空间分布格局将发生较大变化，80%～90% 的岛状冻土发生退化，季节融化深度增加，形成融化夹层和深埋藏冻土；表层冻土面积减少 10%～15% 冻土下界抬升 150～250 米，亚稳定及稳定冻土温度将升高 0.5～0.7 ℃。

随着全球进一步增暖，高山季节性积雪持续时间将缩短，春季大范围积雪提前消失，积雪量将较大幅度减少，积雪年际变率显著增大。到 2050 年，冬季气温将升高 1 ～ 2 ℃，随着降雪量缓慢增加青藏高原和新疆、内蒙古稳定积雪区积雪深度将分别以 2.3％和 0.2％的速度缓慢增加。同时，雪深年振幅将显著增大，大雪年和枯雪年的出现更为频繁。到 2100 年大范围积雪将可能于 3 月提前消失，春旱加剧，融雪对河川径流的调节作用将大大减小。

气候变化可能是导致湖泊水位下降和面积萎缩的主要因素之一

湖泊作为降水和有效降水的历史和现代记录，更能反映气候变化的空间变化和区域特征。以我国青海湖为例，气候变化可能是导致其水位下降和湖面萎缩的因素之一。青海湖水位在 15—19 世纪的近 500 年间尽管存在较大的升降波动，但出现明显的直线式下降趋势却是在近百年，特别是 20 世纪 20 年代以来，仅在 1908—1986 年就下降了约 11 米，湖面缩小了 676 平方千米。有实测记录以来，1957—1986 年下降了 2 ～ 3 米，湖面缩小了 264 平方千米。

另外，我国西北各大湖泊，除天山西段赛里木湖外，水量平衡均处于入不敷出的负平衡状态，自 20 世纪 50 年代以来，湖泊均向萎缩方向发展，有的甚至干涸消亡。

表 2　20 世纪 50—80 年代我国西北主要湖泊面积变化（单位：平方千米）

湖名	50 年代统计	60 年代地形图量算	70 年代卫星照片量算	80 年代统计
艾比湖	1070	823	522	500
博斯腾湖	996	980	930	864
布伦托海	835	790	770	765
玛纳斯湖	550	—	59	0
赛里木湖	454	454	457	457
巴里坤胡	140	114	88	90
艾丁湖	124	—	23	0
青海湖	4568	—	—	4304

有关研究表明，在未来气候增暖而河川径流量变化不大的情况下，平原湖泊由于水体蒸发加剧，入湖河流的来水量不可能增长，将会加快萎缩、含盐量增长，并逐渐转化为盐湖，对湖泊水资源的开发利用不利；高山、高原湖泊中，少数依赖冰川融水补给的小湖（如帕米尔高原的一些湖泊），可能先因冰川融水增加而扩大，后因冰川缩小后融水减少而缩小；地处山间盆地以降水、河川径流或降水与冰川融水混合补给的大湖，其变化趋势引人注目，如青海湖长期处于较大的负平衡状况，湖水位呈下降趋势。如未来温度继续升高，湖区水面蒸发和陆面蒸散均

会有所增加，若多年平均降水量仅增加 10％，仍不足以抑制湖面的继续萎缩，仅趋势减缓，如降水增加 20％或更多，湖泊来水量会增加，湖泊会扩大，水面上升，湖水淡化，有利于湖泊渔业和湖周地区生态与环境的改善。这样的机遇有可能在下世纪某个时间出现。

海平面升高将影响海岸带和海洋生态系统

1900 年以来全球变暖引起的全球海平面上升了 10 ～ 20 厘米。这将会严重影响珊瑚礁、珊瑚岛、礁岛、盐沼以及红树林等海岸带生态系统和海洋生物资源，进而影响海岸带环境和经济。

沿海主要验潮站的实测资料显示，我国海平面近 50 年呈明显上升趋势，上升的平均速率为每年 2.6 毫米，近几年上升速率加快。据专家预测，我国未来海平面还将继续上升。这将使许多海岸区遭受洪水泛滥的机会增大、遭受风暴影响的程度和严重性加大，这将会引起海岸滩涂湿地、红树林和珊瑚礁等生态群丧失，海岸侵蚀，海水入侵沿海地下淡水层，沿海土地盐渍化等，从而造成海岸、河口、海湾自然生态环境的失衡，给海岸带生态环境系统带来灾难。同时，也将对社会经济产生严重的影响，因为我国海岸线漫长，沿海低洼地区约占整个海岸线地区的 30％。约有 70％以上的大城市，一半以上的人口和近 60％的国民经济，集中在东部经济带和沿海地区。

一些极端天气气候事件可能增加

目前对气候变暖后极端天气、气候事件可能出现的变化了解甚少。现有的研究指出，与全球变暖关系密切的一些极端事件，如厄尔尼诺、干旱、洪水、热浪、雪崩和风暴、沙尘暴、森林火灾等，其发生频率和强度可能会增加。由这些极端事件引起的后果也会加剧。如干旱发生频率和强度的增加，将加重草地土壤侵蚀，因而将增大荒漠化或沙漠化的趋势。

综上所述，全球变暖可能对自然生态系统造成的影响是全方位、多层次的，许多是不利的，甚至是不可逆的。

气候变化对国民经济的影响可能以负面为主

气候作为一种重要的自然资源，同时作为自然环境的重要组成部分，从两个不同的方面在社会经济系统中发挥作用。气候变化会程度不同地影响到全球各地区社会经济的方方面面，如主要农作物及畜牧业的生产、主要江河流域的水资源供给、沿海经济开发区的发展、人类居住环境与人类健康以及能源需求等。人类社会系统对气候变化的敏感性和脆弱性，随其地理位置、时间、社会经济发展水平和环境条件而变化。

我国农业生产将面临产量波动增大、布局与结构调整、成本与投资增加等问题

农业可能是对气候变化反应最为敏感的部门之一。气候是农业生产的重要环境，更是不可缺少的主要物质资源之一。气候变化也对种植业、畜牧业和水产业的生产环境、布局和结构产生影响。

试验研究表明，气候变化对作物产量的影响取决于诸多因素。这些因素包括：作物品种及培育、土壤性质、病虫害、二氧化碳对植物的直接影响，以及气温、二氧化碳浓度和作物适应能力等因子之间彼此的相互作用。现有关于不同气候变化情景下未来（2020 年、2050 年和 2080 年）全球三大作物（小麦、玉米和水稻）产量变化的研究结果表明，大部分发展中国家的作物产量将减少，北半球发达国家的产量将增加。由于气候变化影响存在的这种区域差异性，发展中国家所面临的问题将更为严峻。以亚洲为例目前亚洲地区谷物进口量随着人口的增加，已从 1961 年的 2000 多万吨，增长到 1998 年的 8000 多万吨。在未来气候变化情景下，亚洲粮食供应与需求将面临更大的压力。

我国是农业大国，气候变化将使我国未来农业生产面临以下三个突出问题

农业生产的不稳定性增加，产量波动大

气候变化对我国作物生产和产量的影响在一些地区是正效应，在另一些地区是负效应。对产量的影响可能主要来自极端气候事件频率的变化，而不是平均气候状况的变化。

研究表明：气候变暖后，灌溉和雨养春小麦的产量将分别减少 17.7% 和 31.4%。气候变暖后，不考虑水分的影响，早稻、晚稻、单季稻均呈现出不同幅度的减产，其中早稻减产幅度较小（−3.7%），晚稻和单季稻减产幅度较大（−10.5%）。气候变暖后我国玉米总产量平均减产 3%～6%，其中春玉米平均减产 2%～7%，夏玉米减产 5%～7%；灌溉玉米减产 2%～6%，无灌溉玉米减产 7% 左右。

总之，大气中二氧化碳浓度倍增时，温度升高、作物发育速度加快和生育期缩短是作物产量下降的主要原因。据估算，到 2030 年，我国种植业产量在总体上因全球变暖可能会减少 5%～10%，其中小麦、水稻和玉米三大作物均以减产为主。但气候变暖对不同地区和不同种类作物的产量影响不同，我国水稻、小麦以及玉米品种多，品种间差异也很大，因此要有意识

地调整农业种植制度、选育抗逆性强的品种和选择适当的生产措施等，使之适应气候变化。如果能够对不利影响及时采取应对措施的话，未来 30 ～ 50 年（2020—2050 年）的气候变化还不会对全球乃至中国的粮食安全、重要基础设施和自然资源产生重大影响。

农业生产布局和结构将出现变动

气候变化对我国农业影响的研究表明，年平均温度增加 1 ℃时，大于 10 ℃积温的持续日数全国平均可延长 15 天左右，冬小麦的安全种植北界将由目前的长城一线北移到沈阳—张家口—包头—乌鲁木齐一线。气候变暖还将使我国作物种植制度发生较大的变化。据计算，到 2050 年，气候变暖将使三熟制的北界北移 500 千米左右，从长江流域移至黄河流域；而两熟制地区将北移至目前一熟制地区的中部，一熟制地区的面积将减少 23.1％。

气候变暖后，我国主要作物品种的布局也将发生变化。华北目前推广的冬小麦品种（强冬性），因冬季无法经历足够的寒冷期而不能满足春化作用对低温的要求将不得不被其他类型的冬小麦品种（如半冬性）所取代。比较耐高温的水稻品种将在南方占主导地位而且还将逐渐向北方稻区发展。东北地区玉米的早熟品种逐渐被中、晚熟品种取代。

气候变暖后蒸发相应加大，如果降水量不明显增加，将会使我国农牧交错带南扩，东北与内蒙古相接地区农牧交错带的界线将南移 70 千米左右，华北北部农牧交错带的界线将南移 150 千米左右，西北部农牧交错带界线将南移 20 千米左右。农牧过渡带的南移虽然可增加草原的面积，但由于农牧过渡带是潜在的沙漠化地区，新的过渡带地区如不加保护，也有可能变成沙漠化地区。

农业生产条件改变，农业成本和投资大幅度增加

气候变暖后，土壤有机质的微生物分解将加快造成地力下降。在高二氧化碳浓度下，虽然光合作用的增强能够促进根生物量增加，在一定程度上补偿了土壤有机质的减少，但土壤一旦受旱，根生物量的积累和分解都将受到限制。这意味着需要施用更多的肥料以满足作物的需要，施肥量的增加意味着投入的增加。

气候变暖后，农药的施用量将增大。随着气候变暖，作物生长季延长，昆虫在春、夏、秋三季繁衍的代数将增加，而冬温较高也有利于幼虫安全越冬。温度高还为各种杂草的生长提供了优越的条件。因此，气候变暖可能会加剧病虫害的流行和杂草蔓延。另外，气候变暖后各种病虫出现的范围也可能扩大向高纬地区延伸，目前局限在热带的病原和寄生组织将会蔓延到亚热带甚至温带地区。所有这些都意味着，气候变暖后可能不得不增加施用农药和除草剂，而这将增大农业生产成本。

气候变暖将导致地表径流、旱涝灾害频率和一些地区的水质等发生变化，特别是水资源供需矛盾将更为突出

水资源对全球变暖的响应问题，是事关人类生存与发展的大问题。全球变暖会影响整个水循环过程，可能使蒸发加大，可能改变区域降水量和降水分布格局，增加降水极端异常事件的发生，导致洪涝、干旱灾害的频次和强度增加，以及使地表径流发生变化。主要表现在以下方面：

地表径流将发生变化

对于全球变暖后地表径流的变化，现在比较一致的预测是：到 2050 年，全球年平均径流变化将表现为高纬和东南亚地区径流增加，中亚、地中海地区、南非、澳大利亚减少的趋势。对我国而言，七大流域天然年径流量整体上呈减少趋势。其中，长江及其以南地区年径流量变幅较小；淮河及其以北地区变幅最大，以辽河流域增幅最大，黄河上游次之，松花江最小。全球变暖后，我国各流域年平均蒸发将增大，其中黄河及内陆河地区的蒸发量将可能增大 15%左右。

水资源的供需状况将出现变化

随着径流减少，蒸发增大，全球变暖将加剧水资源的不稳定性与供需矛盾。尽管由气候变化引起的缺水量小于人口增长及经济发展引起的缺水量，但在干旱年份气候变化引起的缺水量将大大加剧我国华北、西北等地区的缺水形势并对这些地区的社会经济发展产生严重的影响，全球变暖对农业灌溉用水的影响远远大于对工业用水和生活用水的影响，尤其是在降水减少和蒸发增加的地区。预计，2010—2030 年西部地区缺水量约为 200 亿立方米，2050 年将缺水 100 亿立方米。而且西部地区由于缺乏供水工程等水利设施，水资源系统对气候变化的脆弱性较大。

旱涝灾害出现的频率将发生变化

全球变暖可能增强全球水文循环，使全球平均降水量趋于增加，但降水变率可能随着平均降水量的增加而发生变化，蒸发量也会因全球平均温度增加而增大，这可能意味着未来旱涝等灾害的出现频率会增加。

一些地区的水质将出现变化

全球变暖后，一些地区由于蒸发量加大，河水流量趋于减少，可能会加重河流原有的污染程度，特别是在枯水季节。同时，河水温度的上升，也会促进河流里污染物沉积、废弃物分解，进而使水质下降。当然，年平均流量明显增加的河流，水质可能会有所好转。

对气候变化敏感的传染性疾病传播范围可能增加，危害人类健康。众所周知，许多通过昆虫、食物和水传播的传染性疾病，如疟疾等，对气候变化非常敏感。全球变暖后疟疾和登革热的传播范围将增加，这两种通过昆虫传播的疾病将殃及世界人口的40%～50%。而且，气候变化可通过各种渠道对发病产生影响，危害人类健康，其中包括对人体直接影响，对病毒、细菌、寄生虫、敏感原的影响，对各种传染媒介和宿主的影响，对人的精神、人体免疫力和疾病抵抗力的影响等等。

人们因气候变化而产生不适应的感觉，也会助长某些疾病的蔓延，使病情加重，甚至导致死亡。据研究，气温变化与死亡率有密切关系，在美国、德国等国的城市，当有热浪袭击时总体死亡率呈上升趋势。全球变暖后，高温热浪将随之增加，这将引起与热有关的疾病和死亡增加。

全球变暖对人类健康造成的不利影响对贫穷地区的人口将是最大的。

气候变化将影响人类居住环境

大量研究表明，气候变化将从下述三个方面对人居环境产生影响：一是气候变化后，资源生产、商品及服务市场的需求产生了变化，使支持居住的经济条件受到了影响；二是气候变化对能源输送系统、建筑物、城市设施以及工农业、旅游业、建筑业等特定产业的一些直接影响，转而对人居环境产生了影响；三是气候变化后，因极端天气事件增加以及对人体健康的影响，使得居住人口迁移。

人类居住地尤其是河边和海岸带居民受气候变化最普遍、最直接的威胁是洪涝和滑坡。人类居住环境目前正遭遇包括水和能源短缺、垃圾处理和交通等环境问题，这些问题可能因高温、多雨而加剧。

低海拔海岸区的城镇化快速发展，正在迅速地增加那里的人口居住密度，使得人为财富（城市）处于海岸气候极端事件的威胁之中。

面临气候变化时，居民收入大部分来源于受气候支配的初级资源产业，如农业、林业和渔业的经济单一居住区，比经济多样化的居住区更脆弱。

尽管目前关于气候变化对社会经济系统的影响研究只是初步的结论，但气候变化会对全球各地区的自然生态系统和社会经济系统产生多方面的影响，将直接影响经济的发展和社会的进步，这一点是确定的。

气候变化可能带来许多不利的影响

大部分热带、亚热带区和多数中纬度地区普遍存在作物减产的可能；对许多缺水地区的居民来说，水的有效利用降低，特别是亚热带区；同时，受到传染性疾病影响的人口数量增加，热死亡人数也将增加；另外，大暴雨事件和海平面升高引起的洪涝，将危及许多低洼和沿海居住区；由于夏季高温而导致用于降温的能源消耗增加。

气候变化也可能带来有利的影响

温度升高使中纬度的一些地区存在着作物增产的可能；全球木材供应可能会增加；对某些缺水地区（如南亚部分地区）的居民来讲，可用水量可能增加；中高纬度地区居民因冬季寒冷的死亡率降低；由于出现暖冬，取暖所需能源减少。

选自《气象知识》，2003 年第 1 期

气候变化：科学、影响和对策

秦大河

近百年来，地球气候正经历一次以全球变暖为主要特征的显著变化，我国的气候变化趋势与全球气候变化的总趋势基本一致。这种全球性的气候变暖，是由自然的气候波动和人类活动增强的温室效应共同引起的。政府间气候变化专门委员会（IPCC）发表的第三次评估报告指出，近50年的气候变暖主要是人类使用化石燃料排放的大量二氧化碳等温室气体的增温效应造成的。现有的预估表明，未来50～100年全球和我国的气候将继续向变暖的方向发展。

气候变化已经给全球与我国的自然生态系统和社会经济系统带来了重要影响，未来的气候变化的影响也是长远而巨大的，许多影响是负面的或不利的。因而，从现在起就必须考虑采取适应气候变化的措施，以克服气候变化的不利影响。

应对气候变化，必须加强科学研究与政策研究，从科学、技术、外交等各个方面做好准备，以便为我国的可持续发展赢得时间和主动。

气候变化的事实和科学认识

1. 全球气候正经历以变暖为主要特征的变化。近 50 年的气候变化很可能是主要由人类活动造成的。IPCC 第三次评估报告综合国际上各方面研究结果对全球气候变化的基本事实给出了评估意见，其主要内容如下：（1）1860 年以来，全球平均温度升高了 0.6 ℃ ±0.2 ℃。近百年来最暖的年份出现在 1983 年以后。20 世纪北半球温度的增幅，可能是过去 1000 年中最高的。（2）近百年来，降水分布也发生了变化。大陆地区尤其是中高纬地区降水增加，非洲等一些地区降水减少。有些地区极端天气气候事件的出现频率与强度增加。（3）大气中温室气体浓度明显增加。大气中二氧化碳的浓度目前已达到 368ppmv（百万分之一体积），这可能是过去 42 万年中的最高值。（4）近 50 年的温度变化，很可能主要是人类活动排放的温室气体造成的。

2. 近百年我国气候在变暖，以冬季和西北、华北、东北最为明显。（1）我国气候变化的趋势与全球气候变化的总趋势基本一致。近百年来，我国气温上升了 0.4 ～ 0.5 ℃，略低于全球平均的 0.6 ℃；20 世纪 90 年代是近百年来最暖时期之一，但尚未超过 20 世纪 20—40 年代最暖时期。（2）从地域分布看，我国气候变暖最明显的地区在西北，华北，东北地区。长江以南地区变暖趋势不显著。（3）从季节分布看，我国冬季增温最明显。1985 年以来，我国已连续出现了 17 个全国大范围的暖冬。（4）我国降水以 20 世纪 50 年代最多，以后逐渐减少，华北地区尤其如此。这意味着华北地区出现了暖干化趋势。

3. 全球气候将继续变暖。科学家使用 31 个复杂气候模式，对 6 种代表性温室气体排放情景下未来 100 年的全球气候变化进行了预估。结果表明：（1）全球平均气温到 2100 年时将比 1990 年上升 1.4 ～ 5.8 ℃。这一增温值将是 20 世纪增温值（0.6 ℃左右）的 2 ～ 10 倍，可能是近一万年中增温最显著的。（2）21 世纪全球平均降水将会增加，但大部分区域很可能年际变化较大。（3）北半球雪盖和海冰范围将进一步缩小。（4）全球平均海平面到 2100 年时将比 1990 年上升 0.09 ～ 0.88 米。（5）一些极端事件（如高温天气、强降水、热带气旋强风等）发生的频率会增加。

我国科学家使用国际上先进的全球气候模式和我国区域气候模式，预估了我国未来气候的变化。结果表明：（1）我国气候将继续变暖。到 2020—2030 年，全国平均气温将上升 1.7 ℃；到 2050 年，全国平均气温将上升 2.2 ℃；当大气中二氧化碳浓度加倍时，全国平均气温将上升 2.9 ℃。（2）我国气候变暖的幅度由南向北增加。到 2030 年，我国西北地区气温可能上升 1.9 ～ 2.3 ℃，西南可能上升 1.6 ～ 2.0 ℃，青藏高原可能上升 2.2 ～ 2.6 ℃。（3）我国不少地区降水出现增加趋势，东南沿海为增加值最大。长江中下游地区出现变干的趋势，华北和东北南部等一些地区出现继续变干的趋势。

4. 气候变化预估存在着不确定性。由于目前对气候系统的认识有限，上述气候变化预估结果给出的只是可能的变化趋势和方向，包含有相当大的不确定性。产生不确定性的原因很多，主要有：未来大气中温室气体浓度的估算存在不确定性；可用于气候研究和模拟的气候系统资料不足；用于预估未来气候变化的气候模式系统不够完善。

气候变化的影响：正面与负面并存

全球气候变化的影响将是全方位的、多尺度的和多层次的，既包括正面影响，同时也包括负面效应。

1. 气候变化对自然生态系统已造成并将继续产生明显影响。观测表明，全球气候变暖对全球许多地区的自然生态系统已经产生了影响，如海平面升高、冰川退缩、冻土融化、河（湖）冰迟冻与早融、中高纬生长季节延长、动植物分布范围向极区和高海拔区延伸、某些动植物数量减少、一些植物开花期提前，等等。自然生态系统由于适应能力有限，容易受到严重的甚至不可恢复的破坏。

（1）自然植被的地理分布与物种组成可能发生明显变化。自然植被分布的变化最能体现气候变化的影响。距今 6000 年前左右的全新世大暖期的鼎盛阶段，我国植被带明显偏北。现今西北地区的草原与荒漠区，在全新世曾是广阔的温带森林和森林草原，各种草原动物也非常丰富。但随着全球气温的波动式下降，同时受第四纪冰期气候波动和青藏高原及其周边山地隆升的影响，我国自然环境出现了明显的区域差异，生物多样性也随之发生了显著变化。

全球变暖将对我国植被的水平及垂直分布、面积、结构及生产力等产生很大影响。气候变化将改变植被的组成、结构及生物量，使森林分布格局发生变化，生物多样性减少等等。据研究，除云南松和红松分布面积有所增加外，其他树种的面积均有所减少。

（2）冰川、冻土和积雪可能减少。高山生态系统对气候变化非常敏感，冰川将随着气候变化而改变其规模。由于全球变暖，一些冰川出现了减少和退缩现象。如非洲乞里马扎罗山的冰川面积在 1912—2000 年减少了 81%。

我国乌鲁木齐河源 1 号冰川，自小冰期后期以来，一直处于后退状态。1962—1980 年，冰川退缩了 80 米；1980—1992 年，又退缩了 60 米。在乌鲁木齐河流域，1964 年航测地形图上共测量到的冰川面积为 48.2 平方千米，1992 年再次航测，冰川面积已减至 40.9 平方千米，损失了 15.1%。我国西北各山系冰川面积自小冰期以来减少了 24.7%，达 7000 平方千米左右。

随着全球进一步增暖，山地冰川将继续后退萎缩。估计到 2050 年我国西部冰川面积将减少 27.2%。其中，海洋性冰川减少最显著，为 52.5%；亚极地型冰川次之，为 24.4%；极地型冰川最少，为 13.8%。

随着全球进一步增暖，冻土面积继续缩小。未来 50 年，青藏高原多年冻土空间分布格局将发生较大变化，80%～90%的岛状冻土发生退化，季节融化深度增加，形成融化夹层和深埋藏冻土；表层冻土面积减少 10%～15%，冻土下界抬升 150～250 米，亚稳定及稳定冻土温度将升高 0.5～0.7 ℃。

随着全球进一步增暖，高山季节性积雪持续时间将缩短，春季大范围积雪提前消失。积雪量将较大幅度减少，积雪年际变率显著增大。到 2050 年，青藏高原和新疆、内蒙古稳定积雪区积雪深度将分别以 2.3%和 0.2%的速度缓慢增加。同时，雪深年振幅将显著增大，大雪年和枯雪年的出现更为频繁。到 2100 年大范围积雪将可能于 3 月提前消失，春旱加剧，融雪对河川径流的调节作用将大大减小。

（3）气候变化可能是导致湖泊水位下降和面积萎缩的主要因素之一。湖泊作为降水和有效降水的历史和现代记录，更能反映气候变化的空间变化和区域特征。以我国青海湖为例，其水位在 15—19 世纪近 500 年间尽管存在较大的升降波动，但出现直线式下降趋势却是在近百年，特别是 20 世纪 20 年代以来，仅在 1908—1986 年间就下降了约 11 米，湖面缩小了 676 平方千米。

有关研究表明，在未来气候增暖而河川径流量变化不大的情况下，平原湖泊由于水体蒸发加剧，入湖河流的来水量不可能增长，将会加快萎缩、含盐量增长，并逐渐转化为盐湖，对湖泊水资源的开发利用不利；高山、高原湖泊中，少数依赖冰川融水补给的小湖，可能先因冰川融水增加而扩大，后因冰川缩小后融水减少而缩小；地处山间盆地以降水、河川径流或降水与冰川融水混合补给的大湖，如青海湖等，若多年平均降水量仅增加 10%，仍不足以抑制湖面的继续萎缩，仅趋势减缓，如降水增加 20%或更多，湖泊会扩大，水面上升，湖水淡化，有利于湖泊渔业和湖周地区生态与环境的改善。

（4）海平面升高将影响海岸带和海洋生态系统。1900 年以来，全球变暖引起的全球海平面上升了 10～20 厘米。这将会严重影响珊瑚礁、珊瑚岛、礁岛、盐沼以及红树林等海岸带生态系统和海洋生物资源，进而影响海岸带环境和经济。

根据实测资料显示，我国海平面近 50 年呈明显上升趋势，上升的平均速率为每年 2.6 毫米，近几年上升速率加快。据专家预估，到 2030 年中国沿海海平面上升幅度为 1 ～ 16 厘米，到 2050 年上升幅度为 6 ～ 26 厘米，预计到 21 世纪末将达到 30 ～ 70 厘米。这将使许多海岸区遭受洪水泛滥的机会增大、遭受风暴影响的程度和严重性加大。这将会引起海岸滩涂湿地、红树林和珊瑚礁等生态群丧失，海岸侵蚀，海水入侵沿海地下淡水层，沿海土地盐渍化等，从而造成海岸、河口、海湾自然生态环境的失衡，给海岸带生态环境系统带来灾难。同时，也将对社会经济产生严重的影响，因为约有 70％以上的大城市，一半以上的人口和近 60％的国民经济，集中在低高程的东部经济带和沿海地区。

（5）一些极端天气气候事件可能增加。现有的研究指出，与全球变暖关系密切的一些极端事件，如厄尔尼诺、干旱、洪水、热浪、雪崩和风暴、沙尘暴、森林火灾等，其发生频率和强度可能会增加。由这些极端事件引起的后果也会加剧。

2. 气候变化对国民经济的影响可能以负面为主。气候变化会程度不同地影响到全球和各地区社会经济的方方面面，如主要农作物及畜牧业的生产、主要江河流域的水资源供需、沿海经济开发区的发展、人类居住环境与人类健康以及能源需求等。

（1）农业可能是对气候变化反应最为敏感的部门之一。气候是农业生产的重要环境，更是不可缺少的主要物质资源。气候变化也对种植业、畜牧业和水产业的生产环境、布局和结构产生影响。气候变化将使未来农业生产面临三个突出问题：一是农业生产的不稳定性增加，产量波动大。气候变化对我国作物生产和产量的影响，在一些地区是正效应，在另一些地区是负效应。研究表明：气候变暖后，灌溉和雨养春小麦的产量将分别减少 17.7％和 31.4％；早稻、晚稻、单季稻均呈现出不同幅度的减产，其中早稻减产 3.7％，晚稻和单季稻减产 10.5％；玉米总产量平均减产 3％～ 6％。

气候变暖对不同地区和不同种类作物的产量影响不同，我国水稻、小麦以及玉米品种多，品种间差异也很大，因此有意识地调整农业种植结构、选育抗逆性强的品种和选择适当的生产措施等，使之适应气候变化。如果能够对不利影响及时采取应对措施，未来 30—50 年的气候变化还不会对全球乃至中国的粮食安全、重要基础设施和自然资源产生重大影响。

二是农业生产布局和结构将出现变动。气候变化对我国农业影响的研究表明，冬小麦的安全种植北界将由目前的长城一线北移到沈阳—张家口—包头—乌鲁木齐一线。据计算，到 2050 年，气候变暖将使三熟制的北界北移 500 千米之多，从长江流域移至黄河流域；而两熟制地区将北移至目前一熟制地区的中部，一熟制地区的面积将减少 23.1%。

气候变暖后，我国主要作物品种的布局也将发生变化。华北目前推广的强冬性冬小麦品种，将由半冬性的冬小麦品种所取代；比较耐高温的水稻品种将在南方占主导地位；东北地区玉米的早熟品种逐渐被中、晚熟品种取代；农牧交错带将南扩，东北与内蒙古相接地区农牧交错带的界线将南移 70 千米左右，华北北部农牧交错带的界线将南移 150 千米左右，西北部农牧交错带界线将南移 20 千米左右。

三是农业生产条件改变，农业成本和投资大幅度增加。气候变暖后，土壤有机质的微生物分解将加快，造成地力下降。气候变暖后，农药的施用量将增大。随着气候变暖，作物生长季延长，昆虫在春、夏、秋三季繁衍的代数将增加。温度高还为各种杂草的生长提供了优越的条件。因此，气候变暖可能会加剧病虫害的流行和杂草蔓延。各种病虫害出现的范围也可能向高纬地区延伸。

（2）气候变暖将导致地表径流、旱涝灾害频率和一些地区的水质等发生变化，特别是水资源供需矛盾将更为突出。全球变暖会影响整个水循环过程，改变区域降水量和降水分布格局，增加降水极端异常事件的发生，导致洪涝、干旱灾害的频次和强度增加，以及使地表径流发生变化。

一是地表径流将发生变化。到 2050 年，全球年平均径流变化将表现为高纬和东南亚地区径流增加，中亚、地中海地区、南非、澳大利亚减少的趋势。我国七大江河流域天然年径流量整体上呈减少趋势。其中，长江及其以南地区年径流量变幅较少；淮河及其以北地区变幅较大。

二是水资源的供需状况将出现变化。全球变暖将加剧水资源的不稳定性与供需矛盾。预计，2010—2030 年西部地区缺水量约为 200 亿立方米，2050 年将缺水 100 亿立方米。而且西部地区由于缺乏供水工程等水利设施，水资源系统对气候变化的脆弱性较大。

三是旱涝灾害出现的频率等将发生变化。全球变暖可能增强全球水循环，使全球平均降水量趋于增加，但降水变率可能随着平均降水量的增加而发生变化，蒸发量也会增大，这可能意味着未来旱涝等灾害的出现频率会增加。

四是一些地区的水质将出现变化。全球变暖后，一些地区由于蒸发量加大，河水流量趋于减少，可能会加重河流原有的污染程度。年平均流量明显增加的河流，水质可能会有所好转。

（3）对气候变化敏感的传染性疾病传播范围可能增加，危害人类健康。许多通过昆虫、食物和水传播的传染性疾病，对气候变化非常敏感。全球变暖后，疟疾和登革热的传播范围将增加，危害人类健康，其中包括对人体直接影响，对病毒、细菌、寄生虫、敏感原的影响，对各种传染媒介和宿主的影响，对人的精神、人体免疫力和疾病抵抗力的影响，等等。

（4）气候变化将影响人类居住环境。人类居住尤其是河边和海岸带居民受气候变化最普遍、最直接的威胁是洪涝和滑坡。低海拔海岸区的城镇化快速发展，使得人与财富（城市）处于海岸气候极端事件的威胁之中。

全球气候变化给我国带来的挑战和机遇

全球气候变化问题，不仅是科学问题、环境问题，而且是能源问题、经济问题和政治问题。全球气候变化问题将给我国带来许多挑战、压力和机遇。

1. 国际上要求我国减排温室气体的压力越来越大。目前我国二氧化碳排放量已居世界第二，甲烷、氧化亚氮等温室气体的排放量也居世界前列。预估表明，到2025—2030年，我国人均二氧化碳排放量可能达到世界平均水平，将丧失人均二氧化碳排放水平低的优势。

最近20年来我国通过提高能源利用效率和节能，已经实现了能源消耗增长率低于经济增长率，大大减少了二氧化碳的排放量，已为减缓大气中二氧化碳做出了贡献。但美国、欧盟等发达国家多年来在《联合国气候变化框架公约》谈判过程中一直想让我国正式承担温室气体控制义务。同时，一些发达国家在双边活动中，将全球气候变化问题作为重要议题，增加对我国的压力。希望中国减排的还有一些发展中国家，如小岛国。我国如果长期不承担温室气体控制义务，在参与《联合国气候变化框架公约》活动中遭受的压力将会越来越大，如处置不当，有可能影响我国的国际形象和地位。

2. 我国减排温室气体的潜力受能源资源结构、技术和资金的制约。应对全球气候变化问题，将对世界各国的经济发展模式、技术发展方向、国际能源市场结构等产生重大影响。就我国而言，需要仔细地评估实施可持续发展战略所能带来的温室气体减排潜力。这是我国在承诺以某种形式为保护全球气候做贡献之前必须进行的工作。

煤是我国的主要能源资源，在一次能源消费中，煤炭约占70%，是世界上几个以燃煤为主的国家之一。受能源资源结构的制约，我国通过调整能源结构来减少二氧化碳排放量的潜力有限。因此，在相当一段时期内，我国可能采取的政策选择是：坚持“节约能源、优化能源结构、提高能源利用效率”的能源政策，在这方面实际上已取得了巨大成效。预计到2050年，我国单位GDP的能源消费强度和相应的二氧化碳排放强度均将低于经济合作发展组织（OECD）国家1990年的水平，届时我国的能源利用效率将高于OECD国家目前水平。这意味着我国通过提高能效来减少二氧化碳排放量尚有一定潜力，但是需要相当的技术和资金作为保证。目前发达国家希望通过“清洁发展机制”项目，从发展中国家获得减排抵消额。这将为发展中国家获得新的投资和技术转让带来新的机遇。

3. 适应与减缓气候变化影响的问题，尚未真正提上议事日程。全球气候变暖可能给我国自然生态系统和社会经济部门带来难以承受的、不可逆转的、持久的严重影响，特别是农业、水资源以及能源等方面。因此，必须从现在起就考虑如何减缓全球气候变暖的影响。目前，首先应采取一些对经济发展等方面有益，同时可以应对气候变化的行动。除提高能效、植树造林外，还包括以适应气候变化影响为主的一些行动措施，如：农业方面，改良作物品种，培育和选用抗逆新品种；调整粮食产业结构和布局；研制开发节水灌溉技术，发展节水农业等；水资源方面，加强水资源管理和调控，建设淡水调蓄工程，节约用水，合理规划空中水资源的开发利用，研制开发海水淡化技术等；沿海地区，加强对海平面上升的动态监测，建立相应的预警系统；修建坝堤等防护工程设施，制定生态系统保护措施等。

结论

（1）全球变暖是不争的事实，只是在变暖的幅度、原因和区域分布，特别是未来气候变化预估方面，还有不少的不确定性。（2）气候变化对自然生态系统和国民经济将产生诸多影响，有些影响可能是不可逆和灾难性的。及早研究、及时采取适应气候变化的措施，可以减少气候变化的不利影响。（3）气候变化问题的重要性与复杂性，决定了气候变化公约谈判的难度将不亚于入世谈判。（4）目前国内外没有低排放、高经济增长的发展模式可供采用。承担控制温室气体排放的义务应与经济发展水平相适应，否则可能对我国经济发展、能源供应和人民生活产生相当的影响。

选自《中国气象报》，2003 年 11 月 22 日

温盐环流与气候突变
——灾难片《后天》观后

宋亚芳　丁一汇

近日，灾难片《后天》(又译为《末日浩劫》)正在全球火热放映中。影片中描述了一场空前的气候灾难。由于人类不顾大自然的警告，超负荷地开发地球资源，加剧了全球变暖，最终导致气候的突变，地球在一天之内突然急剧降温，陷入第二次冰河世纪，整个北半球陷入了龙卷、暴雨、暴风雪、海啸等各种灾难之中。

影片中描述的情景虽然骇人听闻，但是越来越多的研究表明，这些情景是有相当科学根据的，也是可能出现的。美国国防部给布什政府提交的一份秘密报告中也指出："世界将因为气候变化造成的环境灾难和资源紧缺引发生存之战""气候变化的影响将远远大于恐怖主义的影响"。

影片的开头，气候学家在新德里召开的各国政府首脑会议上指出，全球持续变暖会导致北大西洋的温盐环流关闭，从而引发一场气候突变。灾难到来之前，位于大西洋上的自动观测浮标，就监测到了海洋温度的异常，一天之内突然降温 13 ℃，一开始是一个浮标，后来向高纬发展，多个浮标都显示海水温度的突然降低。海水温度的异常通过海气相互作用，使大气环流发生突变，欧洲、美国都遭受了暴雨和暴风雪的袭击。在上述气候突变过程中，关键的问题是大洋中温盐环流的变化。温盐环流的概念是20世纪90年代提出的，它是影响气候变化与变率的重要机制。在全球大洋中，位于表层风生流之下的较深层洋流，是由重力作用下高纬稠密水团的下沉和低纬较轻水团的上升驱动的，其水输送量约占全球大洋的90%；因为海水的密度主要由温度和盐度决定，所以这种由密度梯度驱动的洋流，被称为温盐流。温盐流和表层风生流是一个相互联系的整体，它们共同构成的闭合环流，被气候研究领域称作温盐环流。当代大洋温盐环流以大西洋输送带环流为特征。它主要由冷水系北大西洋深层水的南向溢流和暖水系的表层北向海流共同组成。

温盐环流的重要性在于，它和大气中著名的Hadley环流、Ferrel环流和极地环流等一起，构成了能够维持全球气候系统的能量平衡至关重要的经向环流体系。众所周知，对于全球气候系统而言，热带存在辐射盈余，极地则存在辐射亏损，为保持整个系统的能量平衡，在低纬与高纬之间，必须存在强的经向能量输送。以前人们认为，这种输送作用主要通过大气过程来实现。现在研究表明，海洋的极向热输送约占海气耦合系统中极向热输送总量的50%。在北半球，它把低纬的热量输送到高纬，在北纬50°附近（那里的海洋西边界流最强）通过强烈的海气热交换，把大量的热量输送给大气，再由大气把能量向更高纬度输送。海洋经向热输送强度的变化，对全球气候产生重要影响。

在大西洋地区中，这种海洋环流输送的热量非常大，例如在西北欧和冰岛之间，输入的热量与该地区在海表收到的太阳辐射相近。这也是为什么北欧地区冬季比同纬度的西伯利亚温度偏暖的主要原因。有些科学家估计，一旦这种环流停止，北欧的温度将比现在降低10 ℃左右。

由于全球持续增暖，极地的冰川大面积融化，气候变暖又使中高纬降水增加，这些使该地区的海水盐度下降，当达到脱盐点的时候，就不存在盐度和密度差，温盐环流就失去了在高纬度地区的下沉支，环流中断，大洋环流失去了它对气候的调节功能。低纬地区的热量不能输送到高纬地区，北半球气温骤降，进入新的冰期。也许我们人类也会像电影显示的一样，当冰期到来时，来不及逃命的猛犸象，嘴里还含着食物，就被冻死了。

虽然目前科学家们认为温盐环流在未来100年不会中断，但是现在已经观测到由于极地冰川的融化，高纬度降水的增加，温盐环流正在减弱。IPCC 9个海洋模式对温盐环流做了未来100年的预测，大部分模式都显示温盐环流会越来越弱。这种潜在的威胁越来越大。如果人类继续超负荷地开发地球资源，加剧这种增暖的温室效应，那么温盐环流的关闭必将提前到来，那时就是全人类的灾难。

因此，保护气候，合理开发和消耗地球资源，减缓温室效应，遏制全球变暖，是我们的当务之急。

选自《中国气象报》，2004 年 6 月 29 日

100

『碧利斯』影响初析

端义宏

受强热带风暴“碧利斯”及减弱后的低压影响，7 月 14—18 日，福建、浙江、江西、湖南、广东和广西 6 省（区）普遍出现大暴雨和特大暴雨，部分地区累计降雨量达到 300 ～ 500 毫米。“碧利斯”深入内陆生命史之长，影响范围之广，降雨强度之大，所引发的洪涝、滑坡、泥石流以及局地大风、雷电等灾害造成人民生命财产损失之巨，实为历史少见。

“碧利斯”登陆后移动速度减缓、持续时间长，延长了降水时间，历史罕见

“碧利斯”7 月 9 日形成后，沿西北方向移动，在我国台湾省登陆后穿过台湾海峡再在福建省登陆，这表明其在海上移动路径正常。但是登陆减弱为热带低压后，受到北边大陆高压限制，从 7 月 14—18 日，“碧利斯”继续向西缓慢移动，影响我国长达 5 天。

历史资料分析表明，台风在我国登陆后的平均维持时间约 26 小时，即 1 天多。其中，59.3% 在 1 天之内消失，28% 可维持 1 天以上但不超过 2 天，持续时间超过 2 天的仅占 12.7%。维持时间最长

的是1952年的7号台风，长达129小时（超过5天），1975年的4号和3号台风，持续时间分别为119小时和101小时，但是这3个台风都是登陆浙江向西北或向北移动，而“碧利斯”登陆后向西偏南移动并维持120小时，这是有记录以来的历史之最。

“碧利斯”登陆时风暴并不算强，但不对称结构非常明显，强降水集中在台风南侧

“碧利斯”生成后，强度一直没有得到加强，比起2005年登陆我国华东沿海的几个强台风来说，似乎差几个量级。但是，这看似较弱的台风往往使公众产生错觉，认为台风的影响与台风强度挂钩，越强的台风引起的风越大，雨也越大。其实，这种关系并不一定成立，确切地说，登陆台风风雨的影响与它周围的天气系统有着密切的关系。

“碧利斯”在海上移动时，卫星云图上仅在南部有明显的云系发展，看似半个台风，甚至有人认为是一个"空心"台风。这种明显的不对称分布是造成“碧利斯”强度（一般以中心附近最低气压和最大风速衡量）一直不强的主要原因。“碧利斯”登陆后这种特征更加明显，特别是登陆后南部的云系不消反增，说明南部有大量的水汽输送。这就如同"火上浇油"，使得降水大增，甚至大于登陆时的降水，这正是“碧利斯”的另外一个特点。

有别于登陆台风一般与冷空气结合产生大的降水，“碧利斯”登陆后，与南海季风相互作用，激发中尺度强降水系统不断发生，历史罕见。

一般说来，如果登陆台风向西、西北或向北移动，将大量的水汽向北输送，这些水汽与北方南下的冷空气相结合，就会产生大量的降水，历史上几个影响严重的台风就是如此。

比如：“75·8”河南特大暴雨。7503号台风登陆浙江后，继续向西北方向移动，登陆台风携带的大量水汽与北方冷空气结合，再加上河南驻马店地区的特殊喇叭口地形的抬升作用，使河南省部分山脉丘陵地带连降3天特大暴雨，24小时的雨量达到1062毫米，创造大陆降雨之最。

如1996年海河流域洪涝。9608号台风于8月1日中午在福建省福清市沿海登陆后继续向西北偏北方向移动。在移动过程中，恰好与北方冷空气在华北相遇，造成华北中南部和东北南部地区先后普降大暴雨，其中河北石家庄、平山、井陉、元氏4县市8月3—5日降水量分别达303、324、311和299毫米，创该地区历史最大值。这次台风造成的洪涝灾害也是由于登陆台风及其减弱的低气压深入内陆与冷空气结合的结果。

再如，0513号台风“泰利”在福建省莆田市登陆后，向西北方向移动过程中，与南下的冷空气在江西北部、安徽西南部结合，致使该地区出现大暴雨或特大暴雨，其中江西庐山和安徽岳西的过程雨量分别达到940毫米和573毫米，均为有记录以来历史最高。如此强的降水也是由于

登陆台风的残留云系与冷空气结合，再加上庐山地区、大别山区复杂的下垫面地形作用造成的。而“碧利斯”以一种极为罕见的方式，与南海季风相互作用，这一特征很容易从卫星云图上判断出来。

“碧利斯”所扮演的角色不再是水汽源，而是为降水提供了动力抬升条件，南海季风承担了输送水汽的角色，它们之间相互作用，使得湖南、广东、广西、云南部分地区中尺度强降水系统不断发生和发展。这与前面几个在北方地区产生台风特大暴雨的物理机制完全不同，是一种登陆台风与西南季风相互作用的结果。

灾区前期降水偏多，对于再降水承载能力弱，容易致灾

7月1—13日，江南中东部（浙江、江西、湖北大部）降水量为10 ~ 50毫米，比常年同期偏少2～5成，存在一定的旱象，“碧利斯”带来的降水有效缓解了这些地方的旱情。但是华南西部（广西大部）、江南西部（湖南大部）及云南东部等地降水量比常年同期偏多3成以上，持续5～9天多雨寡照，部分地区出现1～2天暴雨天气，部分农田遭受渍涝。在这种情况下，承受强降水的能力明显减弱，因此这些地区发生洪涝的可能性大大增加。这也是为什么湖南南部地区洪涝和滑坡、泥石流等灾害较为严重的另外一个原因。

选自《气象知识》，2006年第4期

100

关注极地气象　保护全球气候

秦大河

3 月 23 日是世界气象日。2007 年的主题是："极地气象：认识全球影响"，表达了国际气象界对极地气象和全球气候变化的高度重视。世界气象组织（WMO）和国际科学理事会（ISCU）共同发起"2007—2008 年国际极地年"活动，目的也在于希望国际社会能够充分认识极地与全球气候变化的相互联系，及其对经济社会发展和人民福祉安康的重要影响。

2007 年全球瞩目的一项大事就是联合国政府间气候变化专门委员会第一工作组审议并通过《气候变化 2007：自然科学基础》评估报告，给全人类敲响警钟：到 21 世纪末，在多种温室气体排放情景下，预估全球地表平均增暖 1.1～6.4 ℃，海平面相应上升 0.18～0.59 米。同时，高温、热浪、强降水事件的发生频率很可能会增加，热带气旋（含台风和飓风）的强度可能会增强。这将导致极端气候灾害和生态、环境、海洋、地质灾害形势，以及国土安全、粮食安全、能源安全等形势都更加严峻，政治、经济、社会、文化建设与发展面临更多复杂难题。

考察研究极地对于认识全球气候变化具有重大意义。全球气候变化涵盖了大气、海洋、陆地、冰雪、生物等多圈层相互作用的复杂过程。作为全球大气的主要冷源，南北极地区在全球大气环流和天气气候形成，南北两半球热量、动量和水分的交换中起重要作用。极地大洋环流和海冰变化与极地大气环境密切相关，在全球能量平衡中起重要作用。极地冷水通过沉降从海底向低纬度地区、甚至跨半球输送，在全球海洋温盐环流中起启动作用对全球各大洋的热量和气体交换起重要作用。极地冰盖和大洋沉积物中保留着地质历史时期气候环境变化的详细记录，是了解地球演化历史的良好载体，具有不可替代的重大科学价值。南北极尤其南极，是目前全球受人类活动影响和环境污染最少的地区，是研究各种大气物理现象和日地关系的理想场所。极地大气化学特征、大气本底环境的分析和研究，对了解人类活动与全球环境变化的关系有重要的战略意义。

人类在极地科学考察和科学研究领域作出了艰苦卓绝的努力。考察研究极地是一项复杂而庞大的科学工程。全球气候变化研究涉及气象、海洋、环境、生态、地理等自然科学诸多领域，也涵盖了经济、社会、政治、科技、文化的方方面面。认识极地对全球气候变化的影响，必须深入推进极地气象学、海洋学、冰川和水文学等领域的科学研究和观测，必须克服自然环境恶劣的种种挑战，必须在更宽领域、更高层次、更大范围开展国际科技合作。自 19 世纪末以来，人类克服种种艰难险阻，前赴后继探索极地、研究极地，尤其是对极地在全球气候变化中的作用进行了大量研究，仅在南极地区（南纬 60 度以南）就有 64 个考察站，其中常年站 37 个。100 多年来国际上已进行过三次以极地为主的国际合作观测研究，极大地推动了气象、地磁、电离层、无线电等科学和技术的发展。尤其是第三次国际极地年（1957—1958 年）科学考察和研究成果改写了地球科学的许多重要概念：长期争论的“板块漂移学说”第一次得到直接证据，首次发现了环绕地球的范·阿伦辐射带，首次估算了南极大陆冰量的规模，创建了第一个“世界数据中心”，促成了国际南极研究科学委员会等国际组织的诞生，将极地科学推向了一个新的高度。《南极条约》是第三次国际极地年最重要的政治成果，“和平利用南极”从此成为国际社会的主导理念。

极地气象和全球气候变化研究还存在许多未知领域。全球科技界还需在极地雪冰—大气—地球物理综合观测和大气本底观测，极地冰雪 / 大气相互作用的物理过程和化学过程研究等方面付出更大努力。在进一步量化和理解南极冰盖演化历史和现代气候与环境变化过程及其对全球变化的影响，从极地气候变化信息中发现和提取能用于全球和我国短期气候预测的信号等方面做更扎实的工作。

关注极地气象、研究全球变化、保护全球气候，是包括中国在内的全世界科学家义不容辞的重大责任。我们将继续面向国际科技前沿，加速科技创新，着力推进学科交叉与融合，深入研究极地气象和全球气候变化，为更好地适应和减缓全球气候变化提供强大的科技支撑。我们将继续面向国家需求，深化业务技术体制改革，着力发展天气、气候、气候变化、生态与农业气象、大气成分等气象业务，进一步提高对天气、气候和气象灾害的预测预报水平，为促进经济社会可持续发展作出新的更大的贡献。

选自《人民日报》，2007年3月23日

100

假若『后天』来临

胡永云

估计很多读者都看过科幻影片《后天》(The Day After Tomorrow)，该影片讲述的是在温室效应的作用下，全球气候在一天之内发生了灾难性的骤变，由极端温暖突变为极端寒冷。影片中生动曲折的故事情节、恢宏的场面、人类在面临共同的灾难时所表现出的亲情，想必给大家留下了极为深刻的印象。该影片所产生的影响远超出了电影本身。影片公映时，我还在哥伦比亚大学和美国宇航局（NASA）联合的戈达德空间研究所工作，我们的确收到了来自NASA管理层的电子邮件，该邮件告诉大家不要代表官方的立场发表任何对该影片所涉及的政治和科学内容的评论。

据说该科幻影片的题材来源于美国国防部递交给白宫的一个“机密”报告，该报告预测地球气候在未来20年将由于全球变暖而导致突然变冷，并产生灾难性的效应。对于非专业人士来讲，这个报告确实可以称为“机密”报告，但对于气候学家来说，该报告并没有太多“机密”可言，因为它是根据气候学的基本物理原理和近几十年来全球变暖的事实，对未来几十年气候变化做出的预测。为了产生震撼人心的效果，电影的编剧和导演把几十年甚至上百年才能发生的气候变化过程压缩在了一天，并把气候变化的幅度放大了至少 10 倍以上。全球变暖以及人类活动对气候的影响，已成为全社会关心的话题。本期《科学世界》的《全球变暖》一文详细地描述介绍了这方面的知识，在此，我仅抛砖引玉地介绍电影《后天》所讲述的气候变化的基本原理及其对目前全球变暖的意义。

在北大西洋的西岸（也就是美国的东海岸）存在一股自南向北的洋流，通常称为墨西哥湾流，该洋流是由大气运动作用在洋面上产生的，它的宽度只有 200 ～ 300 千米，但流速较其他地方的洋流速度大得多。伴随着该洋流，热带温暖的海水流向高纬度地区并释放热量，使得北大西洋沿岸地区的温度比同纬度其他地区的温度要高。例如，西欧国家所处的纬度比北京要高，但其冬天要比北京温暖。因为热带温度较高，海水蒸发较强，结果造成热带海水含盐量较高，所以热带海水的密度也较大。当热带海水随墨西哥湾流到达北大西洋格陵兰岛附近时，一方面由于其温度降低而密度加大，另一方面由于其盐度高而较重，从而产生下沉运动，下沉到海底后向赤道方向流去，形成北大西洋“温盐环流”。如果某种原因致使北大西洋温盐环流减弱，自热带向北大西洋输送的热量减少，欧洲和北美东海岸等地区将变冷。反之，这些地区将变暖。

距今大约 20000 年前，地球经历了一次大冰川期，通常称为末次盛冰期。在大约 18000 年前，气候开始回暖，温度的升高导致高纬度地区大陆冰盖和海冰的融化，形成大量的淡水涌入北大西洋。因为淡水的密度较小而无法下沉，所以，自南向北的墨西哥湾流被迫减弱甚至停滞。其结果造成热量无法向北大西洋输送，北大西洋沿岸的欧洲和北美气候因而变冷。在距今大约 15000 年前，温度降到最低点，并持续了长达 200 ～ 300 年。因为这次变冷过程首先是由于新仙女木化石在欧洲的发现而发现的，所以，该寒冷期被称为“新仙女木事件”。新仙女木（Younger-Dryas）是一种本来生长在北极的植物，它能够在欧洲被发现，说明当时欧洲的气候应该相当于现在北极的气候。

电影《后天》和那个机密报告正是根据这一道理预测未来气候变化的，只不过有一点很关键的不同是，新仙女木事件是由于气候的自然变化形成的，而《后天》所讲述的是人类活动造成的温室气体增加而导致全球气候由暖变冷。如果全球温度继续升高，格陵兰岛上的冰盖和北冰洋海冰将不断融化，形成的淡水同样能够造成温盐环流减弱以及诱发气候突然变冷。近些年的观测表明，北冰洋海冰和格陵兰岛上的冰盖确实在不断地融化和减少，这也是全球变暖的一个有力证据。但就目前的观测结果来看，温盐环流减弱的程度远弱于新仙女木事件时的减弱，在未来几十年，气候突变能否发生还有待于进一步的研究。

但是，我们并不能消极地等待。工业革命以来，人类对环境和气候影响的能力在不断地加大，化石燃料的大量燃烧造成向大气中排放的二氧化碳不断地增加，其温室效应也不断地加强，人类制造的氟利昂对臭氧层的破坏已被证实。我们必须采取必要行动来避免类似《后天》那样灾难的来临，而不是等待专家学者论证它是否会真正到来。否则，纵使我们这一代人不会受到太大影响，但是我们的决策将决定我们的子孙后代是否要面对一个危机重重的地球。

选自《科学世界》，2007 年 10 月

一次历史罕见的低温雨雪冰冻灾害

郑国光

今年低温雨雪冰冻灾害的主要特征

1月10日以来，我国天气形势发生了显著的变化。从去冬以来的晴暖、少雨天气转变为低温、多雨雪天气。这次罕见的低温雨雪冰冻灾害主要由4次天气过程造成，发生的时间段分别为1月10—16日、18—22日、25—29日、31—2月2日。这次低温雨雪冰冻天气持续时间长，长江中下游及贵州雨雪日数为1954—1955年以来历史同期最大值；冰冻日数为历史同期次大值。其中湖南、湖北雨雪冰冻天气是1954年以来持续时间最长、影响程度最严重的一次，贵州43个县（市）的冻雨天气持续时间突破了历史记录。江淮等地出现了30～50厘米的积雪，贵州、湖南的电线结冰直径达到30～60毫米。

总体上看，这次气象灾害具有范围广、强度大、持续时间长、灾害影响重的特点，很多地区为50年一遇，部分地区百年一遇，属历史罕见。

范围广。持续的低温雨雪冰冻天气，影响了贵州、湖南、湖北、安徽、江西、广西、重庆、广东、浙江、福建、四川、陕西、江苏、云南、甘肃、河南、青海、西藏、山西和上海等20个省（市、区）。

强度大。1月10日以来，河南、四川、陕西、甘肃、青海、宁夏6省（区）降水量达1951年以来同期最大值。长江中下游地区的最低气温降至 -6～0 ℃，日最高气温与最低气温接近。武汉和长沙两市已连续半个多月日平均气温接近或低于0 ℃；湖北、安徽、江西、湖南和贵州5省大部的气温比常年同期偏低2～4 ℃，湖北中东部、湖南大部、贵州东部偏低达4 ℃以上；河南、湖北、湖南、广西、贵州、甘肃、陕西7省（区）平均气温均为历史同期最低值，江西、重庆、宁夏3省（市、区）为次低值。江南、华南及西北大部地区过程最大降温幅度达10～20 ℃，其中华南西北部超过20 ℃。浙江暴雪是1984年以来最强的一次，安徽和江苏的部分地区积雪深度创近50年极值。

持续时间长。2007年12月1日至2008年1月31日，长江中下游（江苏、安徽、湖北、湖南、江西、上海）及贵州日平均气温小于1 ℃的最长连续日数仅少于1954—1955年，持续时间为历史同期次大值；长江中下游及贵州雨雪日数超过1954—1955年，为历史同期最大值；冰冻日数接近1954—1955年，为历史同期次大值。其中湖南、湖北雨雪冰冻天气是1954年以来持续时间最长、影响程度最严重的一次。

灾害影响重。持续低温雨雪冰冻天气给湖南、湖北、安徽、江西、广西、贵州等20个省（区、市）造成重大灾害，特别是给交通运输、能源供应、电力传输、通信设施、农业生产、群众生活造成严重影响和损失。农作物受灾面积和直接经济损失均已经超过去年全年低温雨雪冰冻灾害造成的损失。

截至2月12日，因这次低温雨雪冰冻灾害造成的直接经济损失达1111亿元人民币。

近期世界范围内也出现了类似的气象灾害

全球气候持续变暖已是不争的事实，在这样的大背景下，全球正处于极端天气气候事件的频发期，包括极端暴风雪和冷冻灾害的频繁袭击。

今年1月29—31日，一场极为罕见的强烈暴风雪天气袭击了素以气候温暖著称的地中海东部的中东国家，叙利亚和黎巴嫩交界处积雪厚度超过1米，狂风掀起地中海大浪高达10米左右，恶劣天气造成以色列国内航班停飞，并有数十人冻死街头。1月8日，伊朗遭到10多年来最大降雪影响，北部和中部积雪有55厘米厚，至少造成21人死亡、88人受伤。1月中旬，阿富汗遭遇罕见的全国范围持续降雪并引发雪灾，一些地区积雪深达2米，60多人死于山区雪崩和交通事故。另外，在1月11日伊拉克也降下了100年以来的第一场雪。

去年 11 月底至 12 月初，北美西北部沿岸高压脊异常发展，引起北极冷空气向南暴发，与来自副高南侧的热带暖湿气流交汇，造成暴风雪袭击美国中西部和东北部以及加拿大东部地区。受其影响，美国部分机场关闭、航班延误或取消、公路交通瘫痪，缅因州北部积雪厚度达到 51 厘米。

2007 年 1 月中旬，美国西部、中部和东北部受暴风雪和大幅度降温影响，有 68 万户家庭或商店断电，65 人在恶劣天气中丧生。与此同时，1 月 17—18 日，强风暴“西里尔”席卷了欧洲北部地区，英国、法国、比利时、德国、荷兰、波兰、捷克和匈牙利等多个国家遭受严重影响，至少有 47 人死亡，同时导致大面积断电和交通中断，上万人出行受阻。此次灾害的强度和影响范围以及造成的人员伤亡均为近年来北欧地区所罕见。

造成这次灾害的主要原因

大气环流异常是造成这次大范围低温雨雪冰冻灾害的根本原因。近期大气环流异常形势主要表现在 4 个方面：首先，今年 1 月以来，中高纬度欧亚地区的大气环流呈现西高东低分布，这种环流异常型已持续 19 天，是多年气候状况的 3 倍以上，为 1951 年以来该环流型持续时间最长的一次，有利于冷空气自西北方向沿河西走廊连续不断入侵我国。其次，西北太平洋副热带高压偏强偏北，强大副高的位置稳定维持在我国东南侧的海洋上空，并多次向西伸展，使冷暖空气交汇的主要地区位于我国长江中下游及其以南地区。再次，青藏高原南缘的南支低压槽活跃，是近 10 多年来少有的，促使暖湿空气沿云贵高原不断输送。最后，在冷暖空气交汇区，由于暖湿空气位于上部，形成对流层中低层稳定的逆温层，是大范围冻雨出现的主要原因。这种稳定的大气环流异常形势组合自 1 月中旬初以来已经维持了 20 多天，造成我国东部地区出现罕见的大范围持续低温雨雪冰冻天气。

拉尼娜事件对这次灾害的发生发展起到了推波助澜的作用。自 2007 年 8 月，赤道中东太平洋海温进入拉尼娜状态后迅速发展，至 2008 年 1 月，已连续 6 个月海表温度较常年同期偏低 0.5 ℃以上。分析表明，这次拉尼娜事件是 1951 年以来发展最为迅速的一次，也是前 6 个月累计强度最强的一次。入冬以来，我国出现的降水异常分布特征和历史上较强拉尼娜事件发生后的冬季气候特征非常相似。这种情况表明，当前的拉尼娜事件是影响我国东部大范围持续低温雨雪冰冻灾害的重要原因之一。

选自《气象知识》，2008 年第 1 期

以人为本保护大气

郑国光

生机勃勃的自然生态系统和生生不息的人类社会离不开适宜的天气和气候，保障人民群众的生命安全和生活健康离不开清洁的大气。因此，今年 3 月 23 日世界气象日所确定的“天气、气候和我们呼吸的空气”这一主题，对于经济社会发展进入关键时期的世界各国和人民，都具有非常重要的警示作用。

天气、气候是人类赖以生存的自然环境和自然资源的一个重要组成部分，无论世界政治、经济、社会、文化发展到什么程度，人类都不能够脱离地球大气。当今时代，人类社会面临各种复杂而艰巨的发展难题，其中，空气质量下降和全球气候变暖是世界各国面临的共同挑战，也是经济社会可持续发展必须重视和解决的紧迫问题。

大气对于人类生产生活乃至生存的重要意义已经为整个社会所熟知。空气质量与人体健康息息相关，在烟雾笼罩、沙尘弥漫、气味恶劣的环境中生活，则谈不上身体健康。造成空气质量下降的因素是多方面的，其中，最主要的就是人类生产生活对自然环境的破坏和向大气无节制地排放污染物。工矿企业粉尘排放、汽车尾气排放、煤和石油等化石能源燃烧、垃圾及其他废弃物燃烧或发酵、危险化学品泄漏、不符合环保标准的建筑材料当中有害物质的释放，等等，都是导致大气污染的源头。大气中污染物浓度升高，必然对人体健康产生危害。科学研究发现，空气污染与呼吸道和心血管疾病、癌症和神经系统失调、空气传播疾病有直接的联系。据世界卫生组织估计，全球每年有200万人因为空气污染而过早死亡。

天气、气候与我们的空气质量息息相关。一方面，刮风等气象条件十分有利于污染物的扩散，雨、雪、雷电等也能对空气起到很好的净化作用，降低特定区域特别是大中城市的大气污染物浓度。但是，如果风力过大，加之地表裸露干燥或者建筑工地沙土直接暴露在空气中，则会形成扬沙甚至沙尘暴天气，大气悬浮颗粒物浓度上升，影响我们的呼吸和感官。另一方面，当出现静风、稳定（大气垂直运动不明显）气象条件时，大气当中的污染物就不易扩散，污染物快速聚集并且浓度异常偏高，就会产生特别严重的大气污染灾害。1952年12月，由于大气停滞少动，湿度过大，英国伦敦出现了持续四天之久的大雾天气，大气百米以下低空形成了高危污染层，空气中二氧化硫浓度为平时的7倍，颗粒污染物浓度为平时的9倍，整座城市弥漫着浓烈的“臭鸡蛋”味，几天内就夺走了4700多人的生命，以后两个月中又有8000多人相继死亡。这是历史上由大雾天气引起的大气污染给人类造成的最严重的灾难。此外，有些活动性极强的大气污染物，可随气流漂移数百千米，使远离城市的农作物受到损害，形成区域性污染，扩大污染影响范围。因此，在我国处于工业化阶段的特殊历史时期，既要更加充分地认识保护大气环境的极端重要意义，也应当更加有效地防止因不利气象条件可能导致的大气污染灾害和区域性环境污染事件。

大气污染特别是大气当中一些特殊成分的显著改变，也将对天气、气候产生明显的影响。随着经济快速发展，人口急剧增长，城市无限扩张，化石能源过度利用，我们呼吸的空气也正在发生变化，而这种变化也在时时刻刻地严重影响着天气和气候，对全球气候变化和生态环境带来了持续且难以预料的变化，直接影响着人与自然和谐发展。联合国政府间气候变化专门委员会在2007年发布的第四次评估报告中指出，人类活动很可能是导致近50年气候变暖的主要原因。由于人类活动排放，包括二氧化碳、甲烷、氧化亚氮、臭氧等温室气体明显增多，导致全球气候变暖。在全球气候变暖的背景下，极端天气气候事件频发，生态环境急剧恶化，水土流失和土地荒漠化面积不断扩大，淡水资源日趋匮乏，大气和水污染日趋严重，对人类生存发展和生产生活都构成了严重威胁。研究表明，全球气候变暖可能引起热浪频率和强度的增加，由极端高温事件引起的死亡人数和严重疾病将增加，并可能增加疾病的发生和传播概率，增加心血管、疟疾、登革热和中暑等疾病发生的程度，危害人类健康。这就使得天气、气候、大气污染和人体健康之间的关系变得更为复杂。

清洁的大气、优美的环境、适宜的气候，既是人类永续生存和健康生活的基本条件，也是推动科学发展与促进社会和谐的根本要求。大气孕育生命，我们应当如同保护生命一样保护地球大气。推动科学技术进步并有效利用现代科学技术知识，加深对天气、气候与大气环境之间关系的认识，提高利用天气、气候改善空气质量的能力，是气象工作者的一项重要使命。我们应当利用现代化技术手段，建立覆盖全国的大气成分观测网，了解和掌握大气成分的现状及其变化规律。要更长期、系统、连续地监测和分析温室气体、紫外线、气溶胶、酸雨和臭氧等大气成分的变化，评估它们对人类健康、气候、空气和水质、海洋和陆地生态系统等产生的影响。要切实加强城市规划与建设、重要基础设施和工业企业布局、产业结构调整和区域经济社会可持续发展的环境影响评价和气候可行性论证。要重视大气环境预测预报技术和区域性大气污染调控技术的研发，及时预警因不利的天气、气候可能导致的雾、霾、沙尘暴、光化学烟雾等极端气象灾害和大气污染灾害，并引导社会各方面和公众采取有效防范措施。要大力发展针对污染物扩散传输等的专业数值预报模式，不断发展现代气象业务和公共气象服务，为公众提供紫外线强度指数、中暑指数、空气污染指数、一氧化碳指数等信息。

保护地球大气，改善生存环境，需要全社会的共同努力。要大力发展城市公共交通和清洁燃料汽车，实行更严格的汽车尾气和工业废气排放标准，减少城市常规大气氮氧化物、氢氧化物的浓度，当出现不利于污染物扩散的气象条件时，政府应当强制污染工业减少和停止生产，限制机动车使用，避免空气质量恶化。我们既应当大力建设资源节约型和环境友好型社会，加强生态建设和环境保护，引导社会各方尽一切可能节约资源能源，降低人类活动对大气环境和全球气候的影响。我们还应当大力开发利用风能、太阳能等可再生能源，改善能源结构，减少温室气体及其他污染物排放强度，从根本上保护全球气候。

选自《中国气象报》，2009 年 3 月 23 日

100

气候变化的挑战——过去、现在、将来

丁一汇

千万年来，地球的气候在不断地变化着，但地质年代的气候变化总体上是缓慢的，而现代气候变化是快速的，它比地质年代的气候变化速率一般要快 1000 ～ 10000 倍。二氧化碳是气候变化的一个关键驱动力。

近百年来的现代气候变化是由自然的气候波动与人类活动共同造成的，而近 50 年的全球变暖主要是由人类活动造成的。这种科学的共识促成了国际政治层面重大决策的产生，即制定了《联合国气候变化框架公约》与《京都议定书》。

气候变化对中国的生态系统和国民经济产生了明显影响，正负面影响皆存，但负面影响会加剧。超过临界值的气候变暖对中国来说主要不是“福音”，而是“灾害”或“灾难”。

应对气候变化的科学发展观在国家、部门与企业、个人三个层面上是一致的。中国政府面临发展和减排的双重任务，社会经济部门与企业既面临着水资源、农业、海平面、重大工程建设等方面的安全问题，也担负着发展高新技术、加快新能源研究的重大任务。个人要尽一切努力节约能源，改变消费模式和习惯，树立牢固的保护气候和环境的意识。

全球气候变化的“前世今生”

在地球气候演变的地质年代，地球上的气候有过很暖的时期，那时，大气中的二氧化碳浓度很高，曾达到过 3000 ～ 7000 毫克 / 米 ^{3}。

但在1亿年前也曾出现了三次大冰河期，分别发生在22亿—24亿年前、6亿—7.5亿年前和2.8亿年前。那时，万里海洋一片冰封，通过冰反照率反馈机制，最后全球都被冰封，成了冰雪的海洋。

后来，大陆漂移、板块碰撞使地壳变形，同时又有火山爆发，其排放的二氧化碳“闯入”大气，使大气中二氧化碳的浓度增加。由于二氧化碳产生温室效应，并且风吹降尘，染黑冰盖，减少了阳光反照率，地表温度上升到了一个临界值，冰冷坚硬的热带冰层开始融化。从此，气候变暖增强并扩展到全球，最后整个地球成了无冰的“水球”。直到 1 亿年前左右，地壳板块运动减慢，地球上的气候才进入稳定状态。

6500 万年前，白垩纪结束，温暖的气候也随之结束了。此后，地球气候不断变冷。到了 250 万年前，气候十分寒冷。但在 6000 万年前的气候变冷期，总体上气候比今天暖，二氧化碳浓度比今天高。由此可见，无论在任何时期、有任何起因，地质资料都告诉我们，二氧化碳与温度变化以相同的趋势在演变，二氧化碳是气候变化的一个关键驱动力。

人类排放的二氧化碳是地球气候变化在近代的一个新的驱动力。观测结果表明，工业化以来，大气中的温室气体明显增加，目前二氧化碳的浓度达到了 42 万年来的最大值，而 20 世纪也是过去 2000 年中最温暖的 100 年。地质结构（如板块运动）和火山爆发、温室气体的变化（自然产生和人类活动产生的）、气候系统内部的变化等，共同推动了地球现代气候变化。

根据米兰科维奇循环理论，气候平均具有周期为 10 万年左右的“冰期—间冰期”循环。这种自然的轨道强迫可在几千年时间的尺度上影响关键的气候系统，如全球季风、全球海洋环流、大气的温室气体含量等。我们目前处于末次间冰期后期，但其将向冰期演变的冷却趋势却不会减缓现代全球变暖的步伐。科学家们指出，至少在 3 万年之内地球不会自然地进入下一个冰河期。

人类活动：现代气候变化的一种主要驱动力

在关于气候变化成因的认识方面，IPCC（政府间气候变化专门委员会）加快了前进的步伐。IPCC 第三次评估报告（2001 年）指出，新的、更强的证据表明，过去 50 年观测到的大部分增暖“可能”归因于人类活动（66％以上可能性）；而其第四次评估报告（2007年）指出，人类活动“很可能”是气候变暖的主要原因（90％以上可能性）。

有三方面的证据，让躲在工业化后二氧化碳增加背后的“真凶”显露原形，它就是化石燃料的燃烧。首先，南极和格陵兰冰芯记录表明，在工业革命前后，大气中二氧化碳开始迅速增加，从那以后，其浓度变化大致与化石燃料消耗的增长率相近；其次，北半球大气二氧化碳浓度比南半球的要高一些，因为大多数强排放源位于北半球；第三，大气中氧含量每年减少3ppmv，这与大气中二氧化碳的增加是相对应的，因为二氧化碳是燃烧的产物。

气候变化超过临界点：“灾害”而非“福音”

通过气候模式，专家预测出不同排放情景下的增暖结果——地球将进入一个更温暖的时期。在多个温室气体排放情景下，本世纪末全球平均升温幅度大致为1.1～6.4℃。在低排放情景下，升温1.1～2.9℃；在高排放情景下，升温2.4～6.4℃。陆地上和大多数北半球高纬度地区的增暖最为显著，而南大洋和北大西洋的增暖最弱。高纬度地区的降水量可能增多，而多数副热带大陆地区的降水量可能减少。

全球气候变暖对未来自然生态和经济社会发展将产生长期、显著的影响。气候变化的影响有正面和负面的，但其负面影响更值得关注。研究指出，当温度上升到一定程度时，气候变化的影响以负面为主，《联合国气候变化框架公约》中称其为温度阈值，相当于气候变化的“警戒线”。一旦超过这个“警戒线”，生态系统的平衡将受到威胁，粮食安全不能保障，就会影响人类社会的可持续发展。

全球气候变暖如悬在人类头上的“达摩克利斯之剑”，威胁着人类的生存和发展：

它将导致水资源时空分布失衡的矛盾更加突出，部分地区旱者愈旱、涝者愈涝。它和其他因素综合作用对全球生态系统将造成不可恢复的影响，若全球平均温度增幅超过1.5～2.5℃，20%～30%的物种有可能会灭绝。

它将导致农业和林业生产自然风险加大，大范围严重饥荒出现概率增大。若全球地表气温增加1～3℃，将造成全球降水分布失衡，极端气候灾害增多、影响加重，导致农业生产自然风险加大，多数地区农作物产量下降。

它将导致海平面上升，沿海地区遭受洪涝、风暴、咸潮以及其他自然灾害的频率加大，严重影响沿海及低洼地区的经济社会发展和生态安全。

它将导致突发公共卫生事件增多、增强，严重威胁人类健康。全球地表温度升高，导致热带常见流行病发生范围向高纬度地区扩展，鸟类迁徙路径和动物生活习性的变化导致应对人禽、人畜共患疾病的难度加大，高温热浪、雾、霾等极端气候事件以及大气臭氧浓度降低、光化学烟雾等极端环境事件增多、增强，威胁老人、儿童、病患等弱势群体的身心健康。

气候变暖对中国来说，主要不是“福音”，而是“灾害”或“灾难”。从 1986 年冬季开始，中国已连续经历了 21 个“暖冬”；强降水事件的发生频率增加；自 20 世纪 60 年代以来，全国每年阴霾天气发生的总频次呈明显增加趋势；1955—2005 年黄河源和黄河上游年平均流量均呈显著减少趋势；大部分冰川融化退缩；草原面积不断减少……如不采取应对措施，到 2030 年中国种植业产量可能会减少 5%～10%，未来中国水资源供需矛盾可能会加剧。

应对气候变化：该出手时就出手

对于气候变化，越早采取有效的减缓措施，经济成本越低，减缓效果越好。这是英国经济学家斯特恩给人们的忠告。

若不采取进一步措施，未来几十年温室气体排放量仍会持续增长。但对中国这样一个发展中大国来说，适应气候变化同样重要。

对中国来说，首先要适应气候变化，加强防灾减灾能力建设，建立重大气象灾害的监测、预测和应急保障系统，把由气候变化可能造成的损失降到最低。大多数发展中国家抵御气候变化负面影响的能力较低，脆弱性偏高。对人口稠密、经济发达的大城市来说，一旦灾害来临，及时、有效的应急系统可保持社会稳定，减少损失和人员伤亡。

发展低碳经济，实施可持续发展。调整能源和产业结构，提高能源利用效率；大力发展低碳技术，用低碳或零能源新技术代替高碳化石能源，使我国在发展经济的同时，达到保护气候与环境的目标。我国气候资源丰富，开发利用潜力巨大，应扩大太阳能、风能、核能、水能等的利用规模，提高利用水平和利用效益。

坚持“发展、适应、减缓”并举的理念，改变生产和消费模式。要继续转变经济增长方式，通过提高能效、改善和转变能源结构等措施减少温室气体排放。以调整经济结构为先导，以改善消费结构和生产生活习惯为着力点，合理控制全社会能源消耗。采取农业结构调整、生态建设、环境保护等综合措施，建设资源节约型和环境友好型社会。

树立牢固的保护气候与环境的科学意识，积极节约能源，改变个人的生活和消费方式，实现国家、部门和企业、个人（公众）在不同层面、同一目标下协调一致的行动。

中国是遭受气候变化不利影响较为严重的国家之一。反观中国的排放问题，要注意以下三个因素：一是中国属于发展中国家，正处于工业化、现代化的过程中，城乡、区域、经济社会发展仍不平衡，人们生活水平还不高，中国目前的中心任务是发展经济、改善民生；二是中国人均排放较低，人均累积排放更低，而且排放总量中有很大一部分是保证人民基本生活的生存排放；三是由于国际分工变化和制造业转移，中国承受着越来越大的国际转移排放压力。

（此为中国工程院院士丁一汇于2009年4月23日在中国气象报社主办的“气象大讲堂”上的报告）

选自《气象知识》，2009年第6期

100

极端天气谁惹的祸

李泽椿 杨静

地球大气是人类赖以生存的主要空间，它给人类提供了合适的温度环境、丰沛的降水资源，农业、林业、畜牧业才得以发展，人才有足够的食物；它同时给人类一个适宜居住的环境。但是，也有严寒、干旱、暴雨、沙尘等现象发生，产生了严酷的自然条件，给人类带来许多困难。人们必须与之奋斗，求生存。因此，我们必须研究它，利用它的规律，趋利避害、化凶为吉。

最近两三年，我们国家出现了许多异常的天气气候事件。我国极端气候事件发生频率和强度变化明显表现在：(1) 夏季高温热浪天气增多；(2) 区域干旱加剧；(3) 强降水增多。极端天气事件以及灾害的出现根本上来自于"大气环流的异常"。大气环流是什么？什么是它的正常与异常，产生异常的因素有哪些，本文给予了科学解释。

极端天气谁惹的祸？——原因在"大气环流异常"

造成今年如此频繁的极端天气事件原因何在？还要从根源上说起，我简单给大家一个非常明确的回答就是"大气环流的异常"。大气环流总有一个正常状态，如果出现异常，在局部地区就会产生极端天气。

例如2008年南方的冰冻雨雪灾害。造成如此严重灾害的重要原因就是大气环流的异常变化。在乌拉尔山（它是欧亚两洲的分界线）通常有一个高压脊，在它的右边会有一个低压槽，冷空气走高压脊的右边，从西伯利亚带到我国。2008年冬天，这种环流形势稳定不变，这样就会有一次一次的冷空气从西伯利亚带下来；并且那个低压槽比较深，强劲的冷空气一下子就到达了我国南方；盘踞不动的低压槽使得四次强的冷空气连续下到南方，持续了10～20天，导致南方接连不断的冰冻雨雪天气。

大气环流为什么会异常?

那么，大气环流为什么异常，什么情况叫正常呢？首先认识一下“大气层的垂直结构”。自地表起随着海拔升高，大气层通常分为5层：对流层、平流层、中间层、热层和外逸层。随海拔升高，空气变得越来越稀薄，大气压也逐渐降低，进入外太空后，气压接近于零。

我们现在主要关注的，就是“对流层大气”，即平均12千米以下的这部分大气层。在赤道地区可以到18～19千米，在极地只有8～10千米。大气中成云致雨等主要的天气现象都发生在只有平均12千米左右的“对流层”。所谓对流就是气体能上下流动。因为地面受热，空气就上升，但是到了一定程度，升不上去就会下沉。所以一般我们把围绕地球的大气在全球范围展开的环流运动统称为“大气环流”。“大气环流”是地气系统进行热量、水分等交换和能量转换的重要机制，也是这些物理量输送、平衡和转换的重要结果。

大气环流起什么作用？地球的地轴是倾斜的，地轴绕着太阳转的时候，都是朝着同一个方向倾斜。所以它在不同的位置，太阳直射的区域也发生变化。一会儿太阳照射到北半球，北纬23.5°以南的位置；一会儿到赤道，一会儿又到南半球，南纬23.5°以北的位置。所以在南北纬23.5°之间，太阳是直射，地球收入热量，以维持地球万物的生存。大气运动的根本能源也是太阳辐射能，地球的自转和公转不仅带来了四季，还使得地球高低纬度间产生温度的差异，而太阳辐射能在地球上的非均匀分布，正是大气环流的原动力。

如此一来，赤道地带即南北两半球23.5°以内的区域受热最多，空气就上升，上升过后，在高空积累压力大了，就要往南北两极走，大概走到30°纬度的时候就要下沉，下沉过后一部分回到赤道，一部分又往北走；而极地呢，由于热量的亏损，不断降温，气体堆积变成高压，它的冷空气就不断南下，这样就形成了“大气环流”。

大气在南北之间的热量交换，导致了水汽的交换，也导致了叫作动量的交换。那么大气环

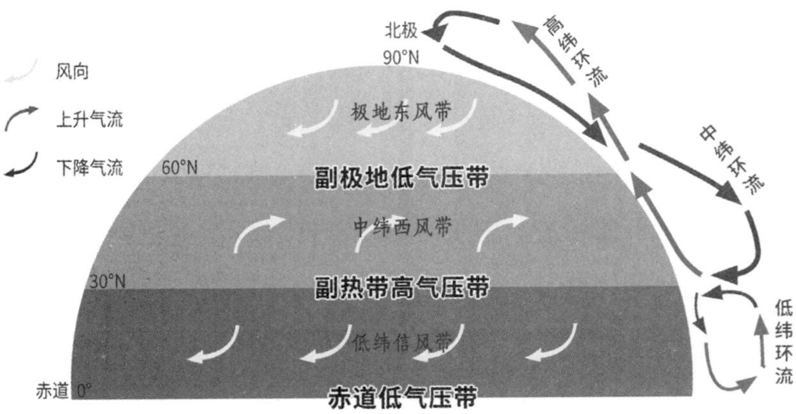

北半球大气环流示意图

流靠什么交换？靠大气的涡旋。台风就是大气涡旋之一，它带有大量热带的热量和水汽，由于运动就有了动量，就要向北走，否则南北就不平衡了。因此台风既带来了灾害，也使大气运动得到平衡。

由于地球表面的不均匀性，全球的大地形、海陆分布和陆面植被分布的差异，造成了大气环流格局的不均匀。

比如海陆分布，海洋的热量积累跟陆地热量是不一样的。而陆面植被也不均，南方有很多植被，接受热量就缓和了，北边的黄土高原一晒就热。还有一个重要因素是"大地形"，如青藏高原。大家想想看，有的气流如果从西边来，爬不过青藏高原，只能从高原两边绕着走，这就叫"绕流"。一般气流是很难爬过青藏高原的，因此，这种环流格局就决定了在北纬 30° 左右，就有又干又热的下沉气流，所以这个地带都是比较旱比较热，所以有沙漠，如我国甘肃、内蒙古、宁夏一带地区，该地区有大风来袭时，就有可能发生沙尘暴。

特定的大气环流格局，产生极端的天气事件

我们先来认识一个天气系统，叫"西太平洋副热带高压"，简称"副高"。这个系统与我国的天气变化息息相关。副高内部盛行下沉气流，天气晴朗，所以当副高长时间控制某一地区时，往往会造成该地区的高温、干旱。而副高北侧自海洋吹来的西南暖湿气流与自北而下的冷空气遭遇时，就会产生降雨天气。台风一般生成于副高的南侧，移动过程与副高相互影响。

2010 年西南地区罕见的干旱也是大气环流发生异常的表现。2009 年秋冬季西太平洋副高脊异常西伸，长期控制云南地区，阻断了从孟加拉湾和南海到云南的水汽输送。再加上 2009 年

冬季东亚中高纬度的冷空气活动路径偏北偏东，对地处低纬高原的云南地区影响不大，因此冷暖空气不能在西南地区上空“相遇”，造成云南、贵州等地降水偏少，干旱愈演愈烈。这就是该下雨的时候不下雨，这就是大气环流的异常，它在特殊地区的异常，导致特殊地区出现极端天气。

我们再来讲一讲“梅雨”天气，长江流域每年 6 月初入梅，这时候副高脊线位于北纬 20～25 度（正在江淮之间），北方的冷空气与副高带来的暖湿气流交汇，形成梅雨天气。我国的雨带随着副高脊线的北抬而向北推进，依次产生华南前汛期降雨、江淮梅雨、华北东北降雨过程。如果副高脊线的北抬有所变化，梅雨就可能比较北一点，或比较南一点。所以大气环流的异常与各种环境变化都有大的关系，特定的大气环流格局会产生极端的天气事件。

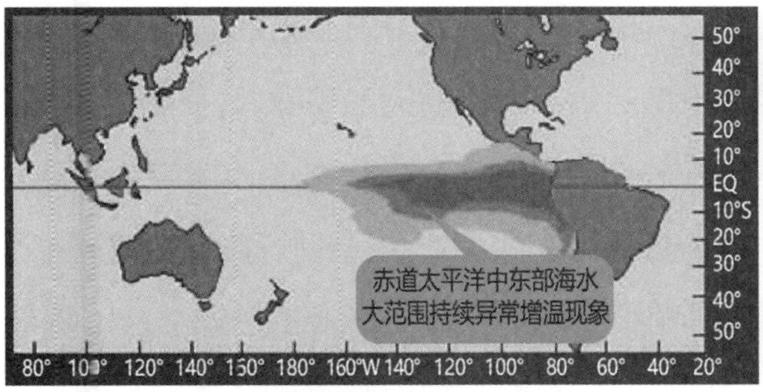

厄尔尼若现象海温示意图

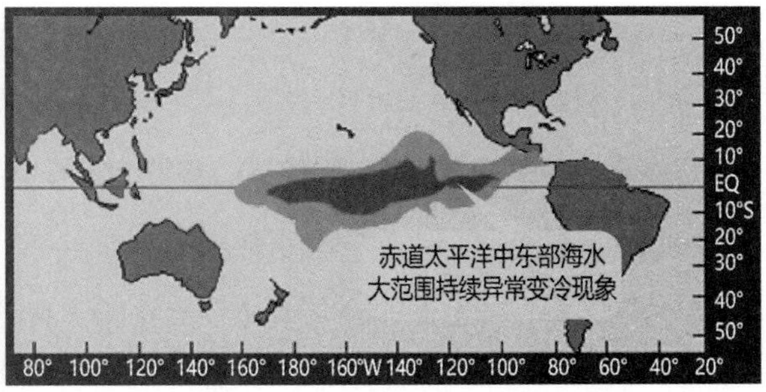

拉尼娜现象海温示意图

“厄尔尼诺”和“拉尼娜”现象是否对大气环流格局有影响？

当然也有人要问了，“厄尔尼诺”现象是不是对大气环流有影响？海洋热容量比较大，它的热量吸收和释放都会影响大气的运动。因此海水温度的偏高或偏低，肯定会导致大气环流运动的格局不一样，也肯定会对中国的天气气候产生影响。宏观地讲，拉尼娜现象可能会导致台风形成比较多、比较强，但不是绝对的。大气的演变规律是极其复杂的。

如何科学应对极端天气灾害？

气象部门要在“预”字上下功夫，进一步完善监测预警与服务系统。首先要在意识上下功夫，意识上要做好“监测—预报—警报—服务”这一系列工作。预报要传得出去，传不出去，就用不上。有一次北京下暴雨，预警信息倒是通过手机渠道发出去了，但是很多人却没收到，传不出去还是会出问题。

其次是气象监测，现在我们国家的气象监测能力是不错的。现在国家有 2400 多个气象观测站，有30000多个自动观测站，这在过去是没有的。可以说，现阶段我国已形成了一个立体的气象综合探测系统。天上是风云卫星监测，空中是探空、飞机探测，地面是地面观测站、海洋观测站、雷达观测等。

再次是进一步加强“灾害监测—研究—预警—服务”系统体系的建设，尤其是加强“短时临近预报预警”系统的建设和完善。加强地面加密常规要素的观测、及了解其影响情况(如:滑坡、泥石流、洪水等)；建立能够及时捕捉台风、暴雨、洪水、泥石流、滑坡、强对流、沙尘暴等极端天气事件和次生灾害的立体观测系统；建议加强山区山地灾害的普查和自然灾害风险区划的编制工作等。

针对政府部门，就是要加强政府防灾减灾的组织行为，全面规划民生工程建设。

首先，政府应对气象部门的工作给予更多支持。气象部门有较完备的通讯系统和服务网络作保障，因此不同于其他自然灾害，只要国家对气象事业给予持续的关注和投入，气象部门是可以预报、可以防范气象灾害的；其投入产出比效益高，效果好。

其次，是要加强部门之间的基础资料共享，提高防灾减灾综合效益。现阶段部门、行业之间的资料封锁、不能全面开放共享，这在很大程度上影响了防灾减灾综合效益的发挥。打破部门、行业之间的资料封锁，既可以做到对灾害发生规律的研究和实时监测的准确判断，又可以形成部门之间的快速联动，更快速、科学、准确进行灾害防御和灾害救助。另外，对地球环境的现有资料共享，可以使跨学科的研究成果更科学、更准确。建议国家统一规划，统一地球环境资料信息的获取方式，改变目前重复建设、人力与资源浪费的状况。

再次，政府要做好基本建设。开展全国性的灾害普查工作，包括地质状况普查、建筑用地规划、气候状况评价，尤其是乡镇一级的建设用地规划。政府要作为一项大工程开展此项工作。要开展公共避难场所的建设，或开辟现有资源作为灾害避难场所，并告知群众。开展各种主要自然灾害的避难演习，普及紧急情况下的自救、互救知识，建立紧急情况下的应急通讯联络机制，并建立一支当地的应急抢险志愿者队伍。加强气象科普宣传，使群众了解了规律，掌握了避灾自救技巧，民众是可以自救互救的。

节选自《气象知识》，2011年第1期

解读 2011 旱涝急转

丁一汇　宋连春

2011 年，长江中下游地区旱涝急转，引人关注：6 月之前，长江中下游地区发生了近 60 年来最严重的冬春持续气象干旱；进入 6 月后，这一地区遭受严重暴雨洪涝灾害，接连 4 轮强降水过程的降水量为近 60 年历史同期最多。

旱涝转换如此快速、剧烈，这是 20 世纪 50 年代以来第一次

气象学上有一个术语叫"6 月突变"，是指每年 6 月，东亚大气环流会有一个突然的调整，随着南海夏季风爆发、暖湿气流北进，雨带会从华南北推到长江流域。

2011 年 6 月前，长江中下游地区极端偏旱；进入 6 月，持续少雨的态势迅速转变，先后遭受 4 轮强降水天气过程袭击。旱涝转换如此快速、剧烈，自 20 世纪 50 年代有完整气象记录以来是第一次。

从大气环流和水汽条件分析，旱涝转换如此快速、剧烈，主要有以下几个原因：进入 6 月，西太平洋副热带高压位置和强度转换快；

南海季风由弱转强，青藏高原对流活动异常活跃并东移；长江中下游水汽输送和水汽收支状况发生根本性转变。

长江中下游干旱和洪涝是大范围大气环流和海洋温度异常的结果

有人怀疑，长江中下游地区的干旱和洪涝，与三峡水库有很大关系。根据现有的资料和研究，可以很明确地说，三峡水库与长江中下游地区的干旱、洪涝没有大的关系。

从我国内陆来看，三峡水库是比较大的一个水体，但是相对于全球来讲，它却是一个很有限的水体。三峡水库的库容在全球大型水库中也只排在 20 多位。

研究表明，一个地区发生暴雨，需要从比它大十几倍以上面积的地区收集或获得水汽。从这个意义上说，三峡水库不能左右比它面积大很多倍的地区的旱涝过程。

我国是典型的东亚季风气候，天气气候受周边海温变化和青藏高原积雪变化影响很大，两者的温差会影响季风的强度，导致暖湿气流往北推进程度的变化，从而决定雨带的南北移动。比如说，青藏高原积雪的状况对亚洲甚至北半球都有影响，三峡水库的影响和它比起来，小得太多，可以说不是一个量级的。

三峡水库是 2003 年 6 月开始蓄水的，但长江流域从 1999 年开始就从多雨期转变为少雨期。近十几年来，长江流域年均降水量减少了 10% ～ 12%，由原来的年均 1250 毫米减少到 1100 多毫米，主要的降雨带向北移动到黄淮地区。

这个事实说明长江中下游干旱和洪涝是大范围大气环流和海洋温度异常的结果，而不是三峡水库的问题。

三峡水库对局地气候的影响是存在的，但影响有限

近 60 年资料分析研究表明，三峡库区的气候变化和整个西南地区是一致的。对比分析三峡库区蓄水前后的气候，水库对局地气候的影响是存在的，但影响的范围很有限。比如，因为水热容量大了、水面宽了，使得年平均气温有所上升，但是夏季降温效应也明显。

针对三峡水库蓄水对周边气候的可能影响，目前国内外都有一些最新的研究成果。数值模式的研究结果都表明：三峡水库的建设不会对周边区域气候带来明显的负面影响。

国际上一般认为，水库的建成蓄水对大范围气候的影响并不明显。例如，位于巴西和巴拉圭两国交界的伊泰普大坝，库区属亚热带湿润气候，与三峡库区的气候和环境类似。对伊泰普水文站在水库 1984 年建成前后的监测数据分析表明，水库周围的年均温度和空气相对湿度变化

都很小。对水库周围的6个农业气象站的多年数据分析也表明，兴建水库并未引起库区周边地区的气候发生任何趋势性的变化。

水循环发生变化，大气环流出现异常，导致极端气候事件不断发生

从全球的范围来看，其他国家和地区也出现了一些气候异常现象，它们是相关联的。

6月之前，长江中下游地区干旱少雨，同期，欧洲和美国中部一些地区也出现了严重、持久的气象干旱，德国、法国和英国等国家经历了历史上少见的持续性干旱。

随后，长江流域提前进入梅雨期。受同样的大气环流影响，6月21日，日本西部太平洋沿岸地区普降暴雨，九州部分地区10日起的累计雨量超过1000毫米。

根据世界气象组织发布的公报，2010年全球平均气温是有气象观测记录以来最暖的一年。在全球气候变暖背景下，极端天气气候事件出现了趋强增多之势。造成天气气候异常的原因很复杂，但最直接的原因还是水循环发生了变化、大气环流出现了异常。

全球气候变暖对于全球水循环的影响主要有两个方面：增加了水循环的强度；增加了大气的持水能力。

其一，气候变暖后，陆地和海洋表面的气温都会增加，蒸发蒸腾量增加，大气中水汽含量也会增加，从而增加了水循环的强度。

其二，全球气候变暖会增加大气的持水能力，也就是说，大气中可容纳的水分更多了。一般而言，温度每升高1℃，大气含水量可提高约7%。这意味着需要更多的水汽，大气才能饱和，达到降水条件。如果达不到饱和状态，大气就会不断地吞噬水分，并将水分封存在大气中，水汽不会以降水形式落下，这就使得陆地更加干燥，形成干旱。而一旦大气的含水量达到饱和状态，达到降水条件，就会发生降水。由于此前"吞噬""封存"的水汽更多，降水强度会因此加强，从而可能导致洪涝灾害。

此外，气候变暖还导致大气环流出现异常。气候变暖改变了地球的热量平衡，减弱了大气环流的纬向（东西方向）流动，但增强了大气环流经向（南北方向）流动。

纬向型大气环流减少，经向型大气环流增多，南北热量、水汽交换加强。这种情况下，天气往往异常。

水循环发生变化，大气环流出现异常，造成了异常天气气候事件不断发生的复杂局面：干旱和暴雨共存，干旱现象越来越多、面积越来越大，同时降雨越来越强，小到中雨频率普遍减少，而大雨与暴雨强度和频率增加。

基础设施建设、灾害防御标准等，应根据气候新特点进行调整

我们从这次长江中下游的旱涝迅速转换可以看到，气候变化的速度更快了，量级更大了。经济社会发展规划、基础设施建设、灾害防御标准，应该根据气候的新特点进行调整，以更好地适应新的气候条件。

广大农村，特别是边远山区，是防御强降水、山洪、滑坡和泥石流等自然灾害能力薄弱的地域。在未来的新农村建设中要进一步加强信息化建设，明确气象灾害风险区划，完善这些地区防御气象灾害的基础设施，建立完善的农业气象服务体系和农村气象灾害防御体系，不断提高防灾减灾能力。

选自《气象知识》，2012 年第 1 期

让科研人员乐做科普

李泽椿

这是当今很多科研工作者面对科普时存在的问题：做科普在单位里面不敢说，怕让别人笑话，怕被人误认为只会做科普，不会讲最前沿的学术问题。

其实，科学家做科普应该是再正常不过的事情，也是非常重要和有意义的事情。

由于行业的不同，不仅仅是普通老百姓、青少年需要科普，对于很多领导、专家来说，也需要科普。

中国科学院和中国工程院都要求科学家做科普。对于院士们来说更应该把科普摆在重要的位置，其一是院士在自己的领域造诣较深，了解全面，更具有说服力；其二是院士看问题比较透彻，由他们来传播科普更容易被其他专业的专家、领导以及媒体所接受。

很多院士都和我一样，非常乐意做科普。实际上，传播科普和科研没有冲突，我常去学校告诉青少年们一些气象知识，做一些科普讲座。实际上，这些讲座可以“一稿多用”，会让很多人受益。

传播气象知识就要传播一些广大人民群众关心的气象科普。例如，在北京发生“7·21”特大暴雨后，如果只揪着深奥的气象科学问题，对老百姓来说太过专业，价值并不太大。这个时候，应该迅速告诉老百姓，雨为什么下得这么大？现有的预报水平能精确到什么程度？遇到这么大的雨，应当怎样做？这样的气象知识能在老百姓的日常生活中发挥作用，我们需要的正是这样有实用价值的气象科普。

此外，传播气象科普还需要有针对性。例如，普及气象防灾减灾知识，对于领导层来说，要告诉他们怎样从前期进行预防，提前做哪些准备可以有效减缓灾害带来的损失，但对老百姓来说，更重要的是如何在灾害中逃生避险。

不过，院士在进行科普的时候要慎重，普及的科学知识应当更加准确，科普的内容也不能哗众取宠，不让老百姓造成误解。

从现状来看，对于科研人员的考评，科普几乎不在评价体系之中。缺乏制度激励和保障，很多科学家做科普只能凭自我兴趣。因此，在这种体制下往往只有退休的老科学家和一些超脱的年轻人才有勇气去做科普，更多人在跑项目和完成论文之间疲于奔命。也许，在科研项目中明确科普任务及经费比例，才能成为让科研人员“愿意做”科普的有效机制。

在这种状况下，对于气象科普，各级领导应该更加重视此项工作，组织好气象科普活动。领导重视了，才能要求科技人员多做科普，才能营造全民科普的氛围。

选自《中国气象报》，2012 年 10 月 25 日

今夏气候异常为哪般

丁一汇

2013年夏，在天气的“舞台”上，高温成了最吸引眼球的“主角”，持续近两个月的高温热浪使我国南方大部分地区饱受炙烤，多地旱情严峻，河道断流，水库干涸。当季节转换，南方高温逐渐退出公众视野之时，东北地区的汛情又让人捏了把汗。嫩江、松花江和黑龙江干流水位持续超警戒水位，堤防长期高水位挡水，多地险情频发，防汛形势不容乐观。极端天气频发，2013年夏季的天气气候到底怎么了？

环球同此狂热：海温异常变化是主因

2013年夏季我国的高温呈现高温日数多、持续时间长、影响范围广、强度强、极端性突出等特点。实际上，这次高温热浪不仅仅发生在我国，北半球的中东、欧洲、美国西海岸等很多地区也出现了高温。从更广阔的视野来看，它是一个全球性的问题，是整个大气环流影响的结果，是一次比较复杂的海洋和大气相互作用过程。

2013 年夏季高温如此之强，稍有气象学常识的人就会得出“由于副热带高压较强并且位置偏西，导致控制范围内晴热少雨，进而形成南方高温天气”的结论。但这种结论是天气学的解释，它只能说明短时间内高温天气的原因。如果要深究为什么高温持续时间长、强度强、范围广，就要考虑造成这种影响的天气系统持续的原因和气候背景。

造成此次高温的原因首先是海温的异常变化。2013 年是拉尼娜年——拉尼娜是指赤道太平洋东部和中部海表温度大范围持续异常变冷的现象，也称为“反厄尔尼诺”；连续 6 个月海表温度较常年同期偏低 0.5 ℃以上，则构成一次拉尼娜事件。

拉尼娜状态下，180° 经线以东基本上都是冷水，以西是暖水，形成了“东冷西暖”的形势。这种情况下，冷水在东风的作用下，不断地往西扩展，从中东太平洋扩展到西太平洋。2013 年的冷水向西扩展到了东经 150° 。当海温降低后，海洋表层空气难以受热膨胀上升，空气对流受到抑制，大气的密度便持续增加，高气压则因此不断增强并在原地维持，不会向东撤退。拉尼娜现象出现后，通过海洋和大气的相互作用，副热带高压偏北、偏西、偏强，并且可以维持很长时间。

第二个原因是北半球出现异常大气环流，北极涛动处于正位相。北极涛动指北半球中纬度和高纬度气压此消彼长的现象。当北极涛动为正位相时，极地地区和极地外的中高纬地区气压场形成“南高北低”形势，冷空气滞留极地；相反，当北极涛动为负位相时，形成“北高南低”形势，极地冷空气会扩散南下。

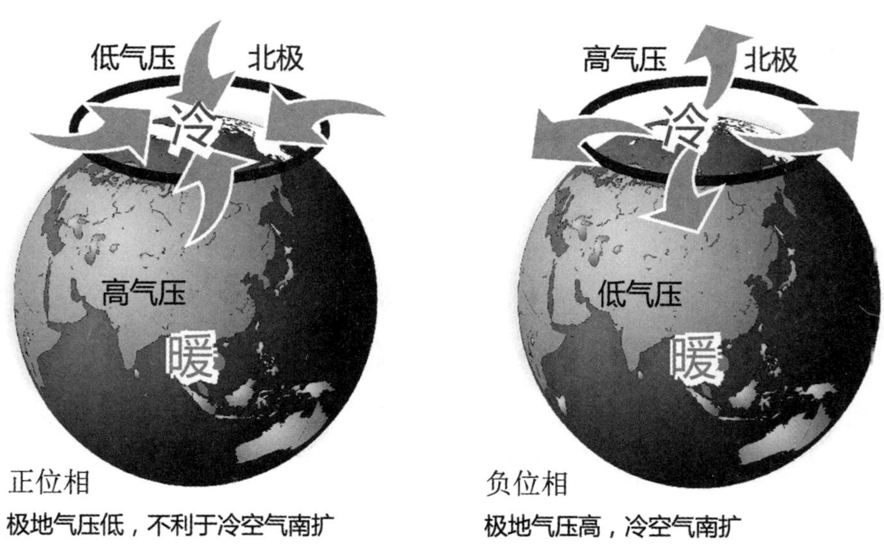

北极涛动

2013年7—8月，极地地区的低压被周围的高压环绕包围，冷空气被封闭住了，不会流向南方，因此，在中纬度的冷空气活动很弱。由于没有受到很强的冷空气的影响，副热带高压比较稳定，不会被破坏，天气就比较热。

从1997年以后，中国进入一个高温热浪的高发期，气候向极端化发展，即冬季冷事件更多、更强，夏季高温热浪事件更多、更强。2013年拉尼娜现象与北极涛动呈正位相叠加，有利于副热带高压异常发达和稳定，造成了南方持续很久的大范围热浪天气。

“北涝南旱”气候格局尚未定论

中国夏季降水格局是否由“南涝北旱”向“北涝南旱”彻底转变，这还需要再持续观察5～10年。

目前，科学家认为中国的雨带有60～80年的周期性南北运动，可能前二三十年在北面，后二三十年移到南面。雨带周期运动的原因，主要有两种说法，有人认为是受海洋的影响，还有人认为与太阳活动有关系。

20世纪50—70年代，我国是“北方多雨、长江流域少雨、华南多雨”的降雨形势。20世纪70年代到20世纪末，北方少雨，南方多雨。

从2000年开始，我国主要雨带已经从华南和长江流域，移到了淮河到黄河流域之间，有的年份甚至可以到达华北，今年的雨带到达了东北。应该说这十几年里雨带确实是向北移了，逐步改变了“南涝北旱”的形势。目前雨带主要还是集中在淮河和黄河流域。今后是不是会回到20世纪50—70年代北方多雨、长江流域少雨、华南多雨的降雨形势，我们还需要再观察5—10年，才能确定降水格局是否改变。因为一个气候期至少是20年到30年，现在主雨带才改变了十二三年，还没有足够的时间长度来证明这种趋势的确定性和稳定性。根据数值气候模式预测，以后几年主雨带在北方的可能性很大。

如果降水格局变成“南旱北涝”，北方地区暴雨发生的频次和强度都会明显增加，防汛形势会更加严峻。2012年“7·21”大暴雨，我们觉得降水很强。实际上，和北方之前的几次暴雨比起来，“7·21”范围没有那么大。20世纪50年代到70年代“北涝南旱”的时期，北方主汛期每隔一段时期就出现一场暴雨，并且常常引发持续性的洪水。1958年7月中旬，黄河中下游地区降水量达500毫米，发生大洪水；1963年8月，海河发生特大洪水，其区域降水量达到破纪录的2050毫米；1975年8月上旬，河南地区发生大范围暴雨，降水量达1631毫米，引发特大洪水，造成严重的经济损失和人员伤亡。

但是，“7·21”是一个值得高度警惕的信号，给我们敲响警钟：如果降水格局进一步变化，北方地区将来可能会经常面临大暴雨的威胁，我们需要提高警惕，加强预警准备，做好北方地区的防汛工作。

我国的南水北调东线和中线不久就要完成，东线明年就可以调水了。每年这两条线可以从南方调 150 亿吨至 200 亿吨水到北方，这是不小的量。如果发生“北涝南旱”，那还有水可调吗？这是公众经常提出的一个问题。科学家认为，我们所说的降水量增减只是平均值之上的变化。

譬如长江流域的年平均降水量是 1100 毫米，现在跌到了 1000 毫米左右，减少的降水只占长江流域降水的 10% 左右，所以说丰富的降水还是在我国的南方。北京年降水量由 20 世纪 50 年代的 600 毫米左右跌到现在的 530 毫米，如果将来回到上个世纪 50 年代的降水量，也只是增加 70 毫米的降水。对我国而言，“南方多水、北方少水”的基本形势是不会改变的，从这个角度来讲，南水北调的重大战略效益不会改变，北方总是缺水，北京是全国人均水资源量最低的城市之一。南水北调供北方使用以后，华北地区可以少抽地下水，使珍贵的地下水资源逐步得以恢复。

选自《气象知识》，2013 年 5 期

100

气候系统模式简介

宇如聪

我国的天气气候受到南亚季风和东亚季风系统的综合影响，受到复杂的地形强迫和海—陆—气相互作用，年际和年代际气候变化都很显著，且区域差异明显，气候灾害多发。近年来，在全球变暖背景下我国的洪涝干旱等气候灾害和极端气候事件发生更加频繁，造成的社会经济损失日趋严重，成为影响我国经济发展、社会进步和人民安康的重要因素之一。因此，气候变化影响问题已不仅仅是一个科学问题，而且是关系到社会经济可持续发展、国家安全和环境外交的重大问题，气候及其变化和影响已经成为人类共同关心的一个热点问题。

为什么要发展气候系统模式——把握气候变化的不可替代性

首先，要了解一下什么是气候系统？气候系统是至少要包括大气圈、水圈、岩石圈、冰雪圈、生物圈 5 个主要部分所组成的高度复杂的系统。内部各圈层之间的相互影响涉及到不同介质和不同尺度间的相互作用和物质交换；涉及到其中的相变过程；涉及到其中的物理和化学过程；涉及不同尺度的反馈过程等。气候系统随时间演变的过程还要受到外部强迫的影响，如：火山爆发、太阳活动等的变化，以及人为强迫的影响，如：不断变化的大气成分和土地利用变化。

人类对气候变化和影响的高度关注，使得人类渴望对气候变化和影响的事实和成因有更加全面和准确的认识和把握。其实，人类能够立刻感知的气候及其变化只是气候系统内很少数要素的分布和演变，而这样的演变却涉及到整个气候系统多时空尺度的复杂的非线性相互作用过程。所以，虽然一般来说，气候与环境变化是气候系统自然变率与人类活动共同影响的结果，但要真正掌握气候系统的变化规律，就要既能够把握气候系统内各圈层之间复杂的相互作用，又要能掌握外部因素和人类活动自身的复杂影响。这就要求人类要找到一种能整体考虑到这些复杂影响过程的方法或手段。目前来看，发展和完善气候系统模式是唯一的不可替代的途径。

什么是气候系统模式——一项长期的复杂的系统科学工程

气候系统模式就是对上述气候系统的一种数学表达方式，从而使得可以借助巨型计算机对涉及到的复杂演变过程进行定量的、长时间的、大数据量的运算，从而能够把握气候系统的演变过程、模拟外强迫变化和人类活动的影响和预测未来气候变化趋势。

气候系统的数学表述是建立在气候系统各部分的物理、化学和生物学性质及其已认识到的相互作用和反馈过程基础上的。气候系统模式的复杂性等同于气候系统的复杂性，气候系统模式的准确性取决于气候系统数学表述的正确性，也就主要取决于人类对气候系统各圈层物理、化学和生物学性质及其相互作用和反馈过程认识的准确性，同时也受到数学表述方法是否有效和计算机能力等技术条件限制的影响。但由于人类对复杂气候系统认识和技术条件的局限性，气候系统模式的不确定性将长期存在。气候系统模式的发展也将始终围绕能够更完整地描述气候系统和尽可能地减小模式的不确定性问题而不懈努力。气候系统模式的发展，要依附于气候科学甚至地球科学的发展和数学及计算机等现代技术的发展，必将是一项长期的复杂的系统科学工程。

气候系统模式的研究现状和发展方向

虽然气候系统模式是帮助理解过去气候演变过程、掌握气候系统相互作用过程、开展气候预测和全球变化研究不可替代的重要工具，但由于气候系统的复杂性，真正能合理模拟气候系统变化的气候系统模式，其复杂程度难以想象，目前的气候系统模式离人类对它的期望相差甚远。可见，现阶段的气候系统模式呈现其不可替代性、不完整性、不确定性的“三不”特点。

随着人类计算能力的快速增强和科学技术的不断进步，目前气候系统模式发展主要包括以下三个方面：增加内容、提高分辨率、验证评估和改进。增加内容，就是把人类对气候系统新的认知融入到气候系统模式中，提高模式系统描述气候系统的完整性，实际上就是从气候系统模式到地球系统模式的发展；提高分辨率，就是发展高分辨率模式系统，提高模式的可分辨内容，提高模式的多尺度相互作用能力，提高模式精度，提高可用性，也是提高模式完整性的重要需求；验证评估和改进，主要是评估模式发展的有效性，特别是验证所增加的内容和提高分辨率的效果，寻求改进模式的突破口，改进方法和方案，降低模式的不确定性，提高模式的准确性。

选自《气象知识》，2014 年第 4 期

青藏高原对我国天气气候影响有多大

吴国雄

最近一段时间，我国北方天气以晴好为主，而长江流域却一直持续阴雨天气。其实，每年 3—5 月，冷空气从北方来，暖湿气流从南方来，两者在长江流域以南汇合，形成降水。这与青藏高原关系密切。

在距今大约 2.4 亿年前，由于地壳板块运动，分离出来的印度板块以较快的速度向北移动、挤压，其北部发生强烈的褶皱断裂和抬升；随着印度板块继续向北插入古洋壳下，到了距今约 8000 万年前，藏北地区和部分藏南地区脱离海洋成为陆地，最终形成当今地球上的“世界屋脊”——青藏高原。

青藏高原的特点可总结为“五个度”，即尺度、经度、纬度、高度和坡度：它横跨欧亚大陆，位于欧亚大陆东部，处于东西风带交界处、欧亚大陆的副热带地区，高度可达对流层中高层，东部、南部地形陡峭。青藏高原占据中国国土面积的 1/4，成功地将中纬度地区和热带地区的气候分离开。青藏高原的高度很高、范围很广，西风带中的气流遇到它就会形成波动，就像在河道里水流遇上石头一样，所产生的波动会影响下游地区，影响范围可以远达美洲大陆。

在气象学中有一个特殊的现象。在副热带地区，如果地面有个巨大的热源，它对空气加热，使低层空气形成一个气旋式环流，而高层则形成反气旋式的环流；如此一来，东面会产生上升运动，形成云，进而形成降水，而西面则是下沉运动，形成干暖天气。这就被称为热力适应。青藏高原平均海拔可达到 4000 米，矗立在对流层中。由于热力适应作用，低层水汽和污染物就会随着抽吸作用“蹿”到对流层的中上层，甚至可以到达平流层。这在别的地方是很不容易发生的。

在尼泊尔方向，青藏高原坡度极其陡峭，南面平坦的陆地只有几百米高，随后海拔高度便急剧上升，从离海平面不远一下到对流层中高层。如此大的坡度，使得它对空气的加热作用非常巨大。

为何这种加热如此重要？这要从降水开始讲起。大气中的水汽分布很特殊，85% 的水汽都集中在近地面 3 千米的大气中；而云和降水的形成多在 3 千米以上的大气中。青藏高原的这种抽吸作用会把水汽输送到高空。又由于加热作用，水汽会沿着高原南坡往上“爬”，形成云和降水。

青藏高原到底是如何扮好“感热加热气泵”这个角色，从而影响我国季风气候呢？海洋和大陆的热状况是不同的。可以想象的是，在夏天，光脚踩在太阳照射下的石头上，我们会感觉到烫；在冬天，光脚踩在太阳照射下的石头上，我们会感觉到冷，因为石头储热和释热能力（即热惯性）很低。由于海水热惯性大，当遇到强的太阳辐射时，它可以把热量存起来，而当太阳辐射能量弱时，它会把热量释放出去，所以海水在冬夏季节中的变化不是很大。这就是海陆热力差异。而近地面空气都是从冷的地方跑向热的地方，因为冷的地方气压高、暖的地方气压低。这就形成冬夏两种方向完全相反的盛行风，并给我国带来冬夏明显天气气候的变化，我们称之为季风。

在冬季，青藏高原阻挡了中国低空的西风气流，使之分为南、北两支气流，北支气流经中国西北、华北、东北和华东等地区流向太平洋；南支气流则在流过青藏高原南侧后转变成温度较高、湿度较大的西南气流，影响我国四川、贵州、云南、华南及长江中下游地区。这两支气流最后在青藏高原东部东经 110° 附近汇合，风速加强，会形成一个西风急流。

1957 年，叶笃正先生和他的合作者在全球第一次提出青藏高原热力作用会影响全球气候这一现象，并建立了青藏高原气象学。在叶笃正先生发现这一现象后，我国气象学家针对青藏高原感热气泵效应开展了大量研究。他们在模式中对青藏高原地形进行加热、部分加热、不加热，模拟周围风场和垂直风场。模拟试验发现，对青藏高原完全加热，除了高原地区有上升运动外，周围地区（阿拉伯海、孟加拉湾）的空气都会流到高原上，从而会增加上升运动，形成辐合；当对高原顶部不加热而保留侧面加热时，仍然可以将周围大气抽吸到高原上，形成很强的上升运动，而未加热的顶部就没有上升运动；当只对高原顶部加热时，上升运动只发生在顶部，周围大气不受任何影响。由于对高原的侧面加热，低层大气会带着水汽向上运动从而形成云和降水。这就是青藏高原加热气泵效应。

夏季，在欧亚大陆上空 10 ～ 16 千米处有南亚高压，这是夏季地球上最强的高压。观测统计发现，南亚高压中心要么出现在青藏高原上空，要么出现在伊朗高原上空。陶诗言先生等科学家先后发现南亚高压的位置分别在东、西两个方向上空出现时，造成的降水分布也不一样：如果南亚高压出现在伊朗高原上空，我国东部及日本便会少雨，青藏高原南部和印度北部雨水增加；如果其出现在青藏高原上空，青藏高原南部和印度北部就会少雨，我国东部及日本则会多雨。南亚高压中心位置的这种变化主要就是由青藏高原的加热作用改变形成的，异常高压中心形成后就向西移动并逐渐消失，过一段时间之后，又会有新的异常高压中心生成，再向西移动，如此反复作准双周振荡，所以才会出现我国夏季一段时间多雨，一段时间少雨的现象。这是青藏高原和海洋共同作用对于气候短期变化的影响。

大家都知道厄尔尼诺现象和拉尼娜现象。在厄尔尼诺年，夏季风暴发都偏迟，因为海洋太暖和了，海陆状态要转换成南冷北暖的夏季型难度太大；而如果是拉尼娜年，海水本来就比较冷，所以变成夏季型比较容易。这就是青藏高原和海洋对于气候年际变化的影响。

那么青藏高原和气候年代际变化有何关系呢？对 20 世纪 50 年代至本世纪初我国降水分布及青藏高原热力作用的研究发现，20 世纪 80 年代至世纪末青藏高原的热力作用逐年减弱时，我国东部雨带逐渐向南方移动，南涝北旱；自 20 世纪 90 年代末至 21 世纪初，夏季青藏高原热力作用逐渐增强，我国夏季东部的雨带也逐渐北抬。这两者有一定的因果关系。

随着对青藏高原的研究逐渐增多，我们发现青藏高原上的观测数据资料实在是太少了。因此中国气象局从今年开始，准备用 10 年的时间，联合青藏高原周边的省在高原上增加气象和气候的观测布点，使国家级地面气象观测站达 453 个、区域自动气象观测站达 6754 个、土壤水分观测站达 460 个。不仅如此，在“风云”系列气象卫星研制上也下大力气，增强对青藏高原的空基观测能力。与此匹配，国家自然科学基金委员会在 2013 年也论证通过并启动了为期十年的重大研究计划“青藏高原地—气耦合系统变化及其全球气候效应”。这些措施将会有力推动青藏高原研究的进展，提高天气气候的预报预测能力。

青藏高原是控制大气环流的重要因子，它通过全球能量和水分循环影响着区域和全球的气候及其变化。未来，气象学者将充分利用新建的高原及周边气象科研一业务综合探测，认识青藏高原地—气耦合过程、青藏高原云降水和水循环过程以及对流层—平流层相互作用过程，建立青藏高原资料库和同化系统，完善青藏高原区域和全球气候系统数值模式，揭示青藏高原影响区域与全球能量和水分循环的机制，把我国青藏高原大气科学研究进一步推向世界舞台，并处于国际领军地位。

选自《中国气象报》，2014 年 4 月 10 日

100

『冰雪地球』为生命带来了氧气？

胡永云　赵晓妮

古气候是现代和未来气候环境变化的重要参照系，古气候研究与全球变化研究联系密切，是当今研究热点之一。

人们关注日常的风云变幻，也对遥远年代地球气候变迁遗留的痕迹产生兴趣。在诸多关于古气候的研究中，北京大学物理学院大气与海洋科学系教授胡永云的探究颇具前瞻性，“一般很多人谈到古气候研究，是在近几千年乃至几万年范围内的研究，但这不是我们的研究范畴。我关心的是一些原始生命产生和演化时期的远古地球气候环境。”

在大约 6 亿—7 亿年前的新元古代，地球曾经历了数次严重的冰川时期，至少有两次是全球性的冰川，地球完全被冰雪所覆盖而成为了一个“冰雪地球”。什么诱发了这种全球性的冰川期？又是什么导致了它的融化？新元古代时期的极端气候变化对当时生命的演化以及其后的寒武纪生命大爆发有何影响？

“人类出现在约 300 万年前；6500 万—2.25 亿年前则是恐龙称霸全球的时代；约 5.4 亿年前的寒武纪生命大爆发之后才有动物出现；此前的近 30 多亿年间，地球上的原始生命是以简单的真核细胞的形式存在的。”胡永云将时间坐标拉回到数亿年前，“5.4 亿年之后氧气含量急剧增高，有利于复杂生命出现和发展。生命在气候环境里生存，第一个条件是适当的温度，第二个条件是大气成分比如氧气含量。而在 7 亿年前，氧气含量只占空气的 1% ～ 2%，当时不适合很复杂的生命生存。”

人们关心气候环境变化及其变化原因，一个重要目的就是要了解未来会发生什么。

“理解地球 45 亿年来的气候环境是如何演化的对理解地球上生命演化有重要的意义。比如哪个时段的气候环境更适合生命存在、气候环境的变化对生命演化的作用、气候变化又是如何限制生命发展的，这些问题都涉及到如何理解地球气候的演化，需要重建地球远古气候。”胡永云举例说，“比如地球大气早期并没有氧，需要氧气的生命不可能存在，那时只有厌氧生命，后来产生了氧气，但浓度不高，因此不可能产生比较复杂的生命。只有氧气浓度高到现在的程度，才会有比较高级的生命体。大气中氧气含量有两次迅速升高，一次发生在 23 亿年前，另一次发生在 6 亿—7 亿年前，这两个时段，地球都经历了极端寒冷的‘冰雪地球’事件。这些是我们研究的目的和意义所在。”

地球上仪器观测的气候记录，最长不过二三百年。时期愈早，古气候记录愈少，很多时候我们甚至无法对当时的气候环境进行想象。胡永云通过利用气候模式对各种可能的外部强迫进行数值模拟试验，来搞清楚“冰雪地球”形成和融化的机制等，他似乎更乐于挑战这些高难度的问题。

“‘冰雪地球’的形成意味着大气的温室效应应该很低，也就是温室气体含量很少，而冰雪地球的融化则需要很高的温室气体浓度，那么温室气体要低到什么程度和高到什么程度？”胡永云告诉记者，根据他们最新的研究结果是大气中的二氧化碳浓度需要降低到 20ppm 才能导致“冰雪地球”形成，而融化“冰雪地球”需要大气中的二氧化碳升高到 0.4 个大气压。

“当‘冰雪地球’融化之后，高浓度二氧化碳不会马上通过风化反应沉降到地面，还会在大气里停留上百万年的时间，加上水汽的浓度也很高，温室效应很强，温度可能极高，我们的模拟结果表明，在 0.4 个大气压的二氧化碳的作用下，陆地表面温度可高达 80 ℃到 90 ℃，海洋表面温度也将高达 70 ℃。我们知道，如果把水煮到 70 ℃，很多有机体都会死亡，特别炎热的气候对生命也是极端的考验。当时的生命如何度过这种极端寒冷和极端炎热的气候环境，也是我们思考的问题。”对这些问题的研究还涉及到当时的大陆分布和太阳的辐射强度等，如当时的陆地主要在热带，而不是像现在主要分布在北半球中高纬度；当时的太阳辐射比现在的弱，大约是现在的94%。

“科学的本质是要理解或解释自然现象，并不是做了就马上可以应用到日常生活中去，科学与技术是有一定距离的。但是慢慢地，这些研究会体现出它们的价值。如果科学研究太强调其应用性或需求性的东西，很可能就会在其基础性和前沿性上有所失。”胡永云说，“科学研究的最高境界是认识自然、发现规律，须强调原创能力，只有这样，才有可能走到科学的前列。”

选自《中国气象报》，2014年5月15日

科学认知气候变化　高度重视气候安全

郑国光

2014 年 11 月 1 日在丹麦哥本哈根闭幕的政府间气候变化专门委员会（IPCC）第四十次全会审议通过了 IPCC 第五次评估报告综合报告。该报告是对 IPCC 先前相继发布的三个工作组报告成果的高度凝炼与综合，包括气候变化及原因、未来气候变化与风险、适应和减缓气候变化与可持续发展路径、适应与减缓气候变化措施等内容，反映了近年来科学界气候变化的最新研究成果，以及人类社会对气候变化的最新认知与理解。由于 IPCC 报告具有很强的政策相关性，这次报告的发布将对国际气候制度谈判走向和各国应对气候变化政策与行动产生重大影响，也为我国应对气候变化、防灾减灾和生态文明建设等提供了很好的科学基础。

一、近百年全球气候显著变暖，并对自然生态系统和人类社会产生了广泛影响

近百年全球气候变暖体现在全球气温升高、海洋变暖、冰雪大范围融化、海平面持续上升等诸多方面。1880—2012 年，全球地

表平均气温大约上升了 0.85 ℃，在北半球，1983—2012 年可能是过去 1400 年中最暖的 30 年。1971—2010 年间，气候系统增加的净能量中有 90% 以上储存于海洋，造成海洋上层变暖。自 1971 年以来，全球冰川普遍出现退缩现象，格陵兰冰盖和南极冰盖的冰储量减少，北极海冰面积以每 10 年 3.5% ～ 4.1% 的速率缩小。20 世纪以来，全球海平面上升 19 厘米，平均每年上升 1.7 毫米。受全球气候变暖的影响，20 世纪中叶以来极端天气气候事件的强度和频率发生明显变化。极端暖事件增多，极端冷事件减少；欧洲、亚洲、澳大利亚等地热浪发生频率更高；陆地区域的强降水事件增加，欧洲南部和非洲西部干旱强度更强、持续更长；热带气旋的强度、频率和持续时间存在长期增加趋势。

气候变化对自然生态系统和人类社会产生了深刻影响。气候变化导致的全球降水变化和冰雪消融正在改变全球水文系统，影响到水资源量和水质，加剧淡水资源缺乏。气候变化对农作物产量有利有弊，但总体以不利影响为主，其中小麦和玉米受气候变化不利影响更大，平均每 10 年分别减产约 1.9% 和 1.2%。气候变化改变了部分生物物种的数量、活动范围、习性及迁徙模式等，部分陆地区域的物种平均每 10 年向极地和高海拔地分别推移 17 千米和 11 米。气候变化引起海洋酸化，影响海洋生态，还恶化了已经存在的人类健康问题，导致一些地区与炎热有关的人类死亡率的增加。

人类活动导致温室气体排放量不断增加，是全球气候变暖的主要原因。自工业化时代以来，在经济和人口增长的驱动下，人为温室气体排放上升，导致大气中二氧化碳、甲烷、氧化亚氮等温室气体浓度达到了过去 80 万年以来的最高水平。1750—2011 年，人为累积二氧化碳排放达到 20400 亿吨，其中近一半为近 40 年所排放，47% 来自于能源供应、30% 来自于工业、11% 来自于交通、3% 来自于建筑。IPCC 综合报告认为，人类活动主要通过排放温室气体影响气候，20 世纪中叶以来全球气候变暖一半以上是由人类活动造成的，这一结论的可信度在 95% 以上。

二、温室气体的继续排放将导致全球气候进一步变暖，加剧自然生态系统和人类社会面临的风险

未来全球气候变暖的程度主要取决于二氧化碳的累积排放。即使人类停止温室气体的排放，但过去温室气体排放导致的气候变化及其相关影响还将持续多个世纪，而且气温升高越明显，自然生态系统和人类社会面临的风险就越大。IPCC 综合报告还指出，与 1986—2005 年相比，到 21 世纪末全球地表平均气温将升高 0.3 ～ 4.8 ℃，人为温室气体排放越多，增温幅度就

起大；热浪、强降水等极端事件发生的频率将增加；海洋将进一步酸化；全球冰川体积将减少 15% ～ 85%，9 月份北极海冰范围将减少 43% ～ 94%；海平面将上升 0.26 ～ 0.82 米。

未来自然生态系统和人类社会面临的气候风险将加剧。如果不采取适应气候变化的措施，局地温度比 20 世纪后期再升高 2 ℃或更高，将会减少热带和温带地区的小麦、水稻和玉米产量，影响全球粮食安全；许多干旱亚热带区域的可再生地表和地下水资源将显著减少。温度每升高 1 ℃，全球受水资源减少影响的人口将增加 7%；许多物种将面临更高的灭绝风险；很多地区尤其是低收入发展中国家的不良健康状况将加剧。许多的气候风险将集中出现在城市地区，农村地区则更多地面临着水资源短缺、食物安全和农业收入的风险。

三、适应与减缓气候变化相辅相成，是减少和管理气候风险的重要途径

适应和减缓气候变化是降低和管理气候风险的互补性战略。对于已经和即将发生的不利影响，适应的效果更为显著。但控制长期风险必须强化减缓。近期和长期减缓措施将有效地降低本世纪后期的气候变化影响。如果没有更多的减缓措施，本世纪末全球平均地表气温可能比工业化前高出 4 ℃，即使采取适应气候变化的措施，人类社会仍会面临很高的风险。

如果将全球温室气体浓度控制在 450ppm 二氧化碳当量以内，本世纪末温升有可能控制在 2 ℃以内（与工业化前相比）。为此，到 2050 年人为温室气体的排放量应在 2010 年排放的基础上减少 40% ～ 70%，到 2100 年应实现零排放。

四、气候变化已经对我国国家安全提出了严峻挑战

我国气候变暖幅度明显高于全球，高温事件显著增多，干旱和暴雨洪涝事件频发，登陆台风偏多偏强。20 世纪中叶以来，我国年平均气温升高 1.38 ℃，升温幅度几乎是全球的两倍。1961 年以来，我国高温热浪事件增多明显，本世纪以来更为突出，平均每年高温面积占全国 27.4%，超过常年两倍。我国年降水日数减少，但暴雨日数增加 10%，极易造成城市内涝和山洪地质灾害的短历时暴雨增多增强。区域性和阶段性干旱加剧，1997 年以来，东北、华北和西南平均每年中等以上干旱日数，比之前分别增加 24%、15% 和 34%。登陆我国台风比例显著增加，尤以近十年最明显。本世纪以来，我国平均每年有 8 个台风登陆，其中有一半最大风力达到或超过 12 级，比 20 世纪 90 年代增加了近一倍。

全球气候变暖已经影响了我国自然生态系统和经济社会发展，对我国粮食安全、水资源安全、

生态安全、环境安全、能源安全、重大工程安全、经济安全等传统与非传统安全将产生严重威胁，对国家安全提出了严峻挑战。

粮食安全：气候变化对我国粮食安全的影响利弊共存，以弊为主。近 30 年，因热量资源增加，我国南方双季稻可种植北界北推近 300 千米，冬小麦种植北界北移西扩 20 ～ 200 千米。然而气候变化也使小麦、玉米、大豆单产分别降低 1.27%、1.73% 和 0.41%。同时，因水资源短缺，我国每年有 1800 ～ 3200 万公顷耕地受干旱影响，占播种面积 12% ～ 22%，且受旱面积不断增加。气候变化还导致作物生育期提前，生育期缩短，病虫害发生面积扩大，危害程度加重。

水资源安全：气候变化对我国水资源安全带来不利影响。上世纪中叶以来，受气候变化影响，我国东部主要河流径流量减少。冰川退缩使青藏高原七大江河源区径流量变化不稳定。气象灾害频发降低水资源可利用性，导致北方水资源供需矛盾加剧，南方出现区域性甚至流域性缺水现象。

生态安全：气候变化也是我国水土流失、生态退化、物种迁移的重要原因。受气候变化影响，我国东北黑土和西北黄土高原水土流失加剧，东北黑土流失面积 27.6 万平方千米，黑土层以每年 0.3 ～ 1.0 厘米速度剥蚀；草原植被生产力显著降低，植被类型发生不可逆的改变，生态系统稳定性和服务功能降低，林火灾害范围和频次加大；物种分布范围改变，有些地区甚至出现物种消失。

环境安全：气候变化对我国大气和水环境的影响日趋显著。2013 年我国 74 个城市大气 $PM_{2.5}$ 浓度平均为每立方米 72 微克，是国家标准的两倍多，是世界卫生组织标准的 7 倍多。气温升高、降水减少和蒸发加剧，不利于水体污染物的扩散和消除，并间接导致水体富营养化，出现了蓝藻暴发等严重污染事件。

能源安全：气候变化对我国能源安全产生了广泛而深刻的影响。风速和风向影响风力发电，华北北部和东南沿海风速以每十年 0.3 秒 / 米的速度减小，风机发电量降低；1961 以来，我国日照时数总体下降，特别是在夏、冬两季和华北平原，太阳能资源开发和利用受到制约；河川径流变化影响水电安全运营。气候变化对冬季采暖、夏季制冷等能源消费，气象灾害对能源生产和运输，都会产生显著影响。

重大工程安全：气候变化对我国重大国防和战略性工程安全的负面影响日益凸显。气温升高将造成青藏铁路沿线多年冻土普遍退化，严重威胁青藏铁路安全运营。三峡库区和上游区域发生的超标准洪水，会加大水库防洪、调度和运营风险，频发的暴雨事件可能引发滑坡、泥石流等地质灾害，危害大坝安全。气候变化对我国南水北调、西气东输、中俄输油管线、三北防护林等重大工程的安全运行带来风险，甚至可能引发重大环境事件。

经济安全：气候变化和气象灾害造成我国经济损失不断增加，威胁国家经济安全。本世纪以来，气象灾害导致的直接经济损失占国内生产总值的比值年均达到1.07%，是同期全球平均（0.14%）的7倍多。随着经济总量增长以及全球经济一体化，气候变化和气象灾害对我国经济安全造成的风险将日益增加，严重影响着我国经济社会安全运行，也会通过国际贸易间接影响着我国经济安全。

五、高度重视气候安全问题，全面落实《国家应对气候变化规划》

气候变化及带来的极端天气气候事件和灾害已成为全球可持续发展的重要威胁。我国是受气候变化影响最大的国家之一，适应和减缓气候变化，加强气候风险管理，是保障国家经济社会发展和人民生活的基本选择。实现中华民族永续发展，要求我们深入认识把握气候规律，科学应对气候变化。

气候安全是指人类社会生存与发展不受气候变化威胁的状态。作为一种全新的非传统安全，气候安全是我国粮食安全、水资源安全、生态安全以及国家安全体系中其他安全的重要前提，是建设资源节约型、环境友好型社会的基本需求，是应对气候变化和防灾减灾的重要基础，也是生态文明建设和实现中国梦的基本保障。因此，要在战略高度上更加重视气候安全问题，并将气候安全作为国家安全体系和经济社会可持续发展战略的重要组成部分统筹考虑。根据国家应对气候变化战略，确定中长期气候安全目标，减轻气候变化对粮食生产、水资源、生态、能源、城镇化建设和人民生命财产的威胁，保障我国经济社会可持续发展。

我国正处于经济发展和结构转型时期，应高度重视气候变化和气象灾害的影响与风险，进一步加强相关法律法规和规划计划的设计、制定和实施，发挥行政管理在推动全社会共同应对气候变化和气象灾害实践中的作用，加大科学研究和技术研发投入，加强基础设施建设，加强社会各界的文化建设，加强公众意识和能力的教育培训，加强国际、部门间、机构间的多渠道、多层面合作，以最大限度地保障我国经济发展和社会稳定。

（本文转载自11月24日《人民日报》第10版）

选自《中国气象报》，2014年11月24日

维护气候安全　保障生态文明

郑国光

中共中央国务院《关于加快推进生态文明建设的意见》强调，加快推进生态文明建设是积极应对气候变化、维护全球生态安全的重大举措。牢固树立尊重自然、顺应自然、保护自然的理念，深入持久地推进生态文明建设，加快形成人与自然和谐发展的现代化建设新格局，开创社会主义生态文明新时代。

气候是自然生态系统的重要组成部分，是人类赖以生存和发展的基础条件，也是经济社会可持续发展的重要资源。近百年以来，受自然和人类活动的共同影响，全球正经历着以变暖为显著特征的气候变化，对全球自然生态系统产生了明显影响，也带来了不可回避的气候安全和生态安全问题，成为国际社会面临的重大共同挑战。积极应对气候变化，加快推进生态文明建设，构建国家新型安全体系，都需要从全球视野出发，高度重视气候安全问题，科学认识气候、主动适应气候、合理利用气候、努力保护气候。

气候安全是当今国际社会面临的重大共同挑战

观测表明，近百年来全球气候呈变暖趋势。1880—2012 年全球地表平均温度大约上升了 0.85 ℃。2014 年全球地表平均温度是 1880 年有器测气温以来最暖的一年。在此背景下，全球极端天气气候事件趋多趋强，自然生态系统和经济社会系统面临的气候风险趋重趋深。仅以今年为例，美国多地遭遇了历史上最严重的干旱，巴西出现了近 85 年来最严重的干旱，朝鲜半岛遭受了百年一遇的特大干旱；印度、巴基斯坦和欧洲多国遭遇了少有的持续高温热浪；印度北部、阿富汗北部、孟加拉国等地受到了罕见的暴雨袭击，上百人死亡。5—6 月，我国南方地区连续遭遇 16 场暴雨袭击，引发多起罕见洪涝灾害，南京、上海、南昌等大城市出现了严重内涝；超强台风"灿鸿"在浙江沿海登陆，造成的影响和损失严重，等等。这些也充分说明，全球气候变暖产生的影响在加大，地球上每个地方都面临未知的气候风险。

气候变暖已经并正在深刻地影响着全球自然生态系统和人类的生存与发展。2014 年联合国政府间气候变化专门委员会（IPCC）发布的科学评估报告表明，气候变化导致粮食生产的不确定性加大，影响水资源量和水质，导致淡水资源缺乏，粮食安全和水资源安全问题日益突出。气候变化也改变了地球上部分生物物种的数量、活动范围、习性及迁徙模式等，所引起的海洋酸化给海洋生态带来不利影响，严重且广泛影响全球陆地和海洋生态安全。如果不对未来人为温室气体排放进行管控，将致使全球气候系统进一步变暖，全球自然生态系统和人类社会面临的气候风险将进一步加剧。

气候变化给我国带来的气候风险也不容忽视。本世纪以来，我国气象灾害所造成的直接经济损失是同期全球平均的 8 倍，相当于国内生产总值的 1%。在城镇化过程中，城市面临的气候灾害风险日趋凸显，大规模开发建设和大量人口向城市集中，将进一步放大气候变化及其带来的气候灾害对我国经济安全带来的风险。

气候变化及其影响实质上也是安全问题，涉及到全球政治、经济、军事、环境、外交、科技、文化等诸多方面，由此带来的粮食安全、水资源安全、生态安全、环境安全、能源安全、重大工程安全、经济安全等非传统安全问题，已经非常现实地摆在了我们面前。气候安全作为一种新的非传统安全，与上述安全问题具有明显的联动效应，事关经济社会可持续发展，事关应对气候变化和防御自然灾害，事关国家安全和全球安全，越来越得到国际社会的广泛重视。

生态文明建设必须重视和解决气候安全问题

人类社会发展史是一部文明发展史。在经历了原始文明、农业文明后，进入18世纪，随着科学技术的进步和生产工具的巨大改进，以化石能源为动力的工业革命提升了社会生产力，创造出丰富的社会财富，从根本上变革了农业文明形态，进入了工业文明时代，实现了社会的重大转型，经济、政治、文化和社会结构都发生了巨大变化。但工业化以来，因对自然资源的粗放开发和对化石能源的过度依赖，人类活动对气候影响的广度和深度日益增大，使人类赖以生存的自然环境受到巨大破坏，资源的数量和质量显著下降，使全球经济社会发展逐渐陷入包括生态和气候等要素在内的环境危机。人们深刻反思工业文明带来的生态环境危机特别是气候危机，选择了生态文明作为人类可持续发展的目标和方向以及追求的绿色化生产生活方式，其特征是低耗能、低污染、循环再生、高效率、高科技、整体协调、健康持续等。

维护气候安全和维护生态安全在道路和目的上高度一致。没有气候安全就谈不上生态安全。建设生态文明，走文明发展道路，是积极应对气候变化、维护全球生态、经济和社会安全的必然选择，也是人类可持续发展、促进社会和谐稳定的必由之路。气候环境是生态系统的基础，离开了气候环境谈生态安全无异于缘木求鱼。建设生态文明，必须认识、适应、利用和保护气候，必须树立尊重自然、顺应自然、保护自然的生态文明理念，也必须重视气候安全。

应对气候变化和建设生态文明在作用和方式上相互促进。气候良好则生态良好，反之亦然。适宜的气候环境是生态文明的基础，良好的气候造就优美的生态环境。推进生态文明建设，保护生态环境也可以改善局地气候。例如，自1978年启动三北防护林工程以来，三北地区生态恶化趋势已得到初步遏制；北方重点区域加快了生态环境治理步伐，生态状况得到明显改善；东北大兴安岭地区生态恶化趋势得到有效抑制；三江源区自实施生态工程以来，局部水体扩张，部分荒漠转变为草地，植被覆盖度明显提高，生态系统结构和功能逐渐趋向良性发展；自实施退耕还林、退牧还草等政策以来，甘肃南部、陕西北部等地生态环境明显改善，特别是陕北地区植被覆盖度由2000年的31%提升至2012年的53%，生态环境的改善增加了局地大气的水分内循环，2001年后陕北地区年平均降水量比1990—2000年增加15.9%，而同期河南北部减少4.4%；近年来贵州省治理石漠化面积近6000平方千米，石漠化土地年均减少约1.5%，石漠化恶性蔓延趋势得到有效遏制，主要河流水质达标率由71.8%提高到81.2%，长江、珠江上游生态屏障基本形成。

树立认识、适应、利用和保护气候的生态文明理念

科学认识气候、主动适应气候、合理利用气候、努力保护气候，体现了生态文明建设的内在要求。推进生态文明建设，需要不断提升对气候规律的认识水平和把握能力，坚持趋利避害并举、适应和减缓并重原则，主动顺应气候规律，合理开发和保护气候资源，科学有效防御气象灾害，积极维护气候安全。

科学认识气候，高度重视气候安全。人类社会的发展史也是一部认识自然、改造自然的历史，科学界在气候变化领域的研究进展，不仅推进了人类对气候的认知与理解，也是各国制定应对气候变化政策与行动的科学基础。我国在应对气候变化、防灾减灾和生态文明建设等领域的相关工作中，同样需要科学把握气候规律。在加强气候变化研究基础上，重点关注不同区域、不同行业、不同人群的气候风险加剧问题。牢固树立气候安全观，把气候安全作为国家安全体系的重要组成部分，并纳入国家安全体系、可持续发展战略和全球治理体系。这既是落实习近平总书记提出的总体国家安全观的重要途径，也是我国实现经济社会发展长期目标的基本条件，更是生态文明建设和实现中国梦的重要保障。

主动适应气候，强化气象灾害风险管理。主动适应气候变化，大力加强气象灾害风险管理，是降低气候风险、保障气候安全的重要手段。要主动适应全球气候变暖对我国自然生态系统和经济社会发展的影响，提高适应气候变化特别是应对极端天气气候事件的能力，加强监测、预警和预防，提高农业、林业、水资源等重点领域和生态脆弱地区适应气候变化的水平。进一步强化全社会气象灾害风险防范意识，提升气象灾害风险管理能力，提高防灾减灾的针对性、科学性和主动性，最大限度地降低气候风险，保障我国经济社会发展和人民生命财产安全。

科学利用气候，合理开发气候资源。气候是经济社会发展的基础资源。我国风能、太阳能资源丰富，陆地 50 米、70 米和 100 米高度上风能资源可开发量分别为 20 亿千瓦、26 亿千瓦和 34 亿千瓦；陆地每平方米接收的太阳辐射总量每年为 3300 ～ 8400 兆焦，相当于 2.4 万亿吨标准煤。在国家实施以绿色循环低碳为重点的经济结构调整过程中，应合理开发利用风能、太阳能等气候能源，大幅调整我国能源生产结构，为实现国家应对气候变化目标做出应有贡献。要充分利用光、热、水等气候资源，开发农业生产气候潜力，发展特色农业和现代农业。依据气候特征和规律，推进经济和产业布局科学化，着力改善大气环境质量，促进人与自然和谐、经济社会与资源环境协调发展。把气候资源纳入资源环境生态管控、自然资源资产负债等重大制度，探索建立基于气候承载力评估的城市规模控制和产业结构调整制度。

努力保护气候，积极引领国际气候治理制度设计。绿色循环低碳是减缓气候变化、降低气候风险、保障气候安全的基本特征。应始终坚持节约优先、保护优先、自然恢复的基本方针，始终坚持绿色循环低碳发展的基本途径，大力发展低碳能源和水电、风电、太阳能、生物质能等可再生能源，打造低碳韧性城市等，有效减少温室气体排放，促进自然生态系统的良性循环。2014 年，我国正式发布了《国家应对气候变化规划（2014—2020 年）》，并在同年发表的《中美气候变化联合声明》以及今年向联合国提交的《强化应对气候变化行动——中国国家自主贡献》中，明确提出我国二氧化碳排放在 2030 年左右达到峰值、到 2030 年中国单位国内生产总值二氧化碳排放比 2005 年下降 60% ～ 65%，非化石能源占一次能源消费比重达 20% 左右，森林蓄积量比 2005 年增加 45 亿立方米左右的行动目标。我国应对气候变化的有力行动不仅为维护全球气候安全做出了力所能及的贡献，树立了良好的国际形象，体现了建设性参与全球气候治理制度构建的态度，还将为我国调整经济和能源结构以及转变发展方式打下坚实基础，并有利于提升我国的科技创新能力和国际竞争力。

（本文转载自《人民日报》2015 年 7 月 17 日 12 版）

选自《中国气象报》，2015 年 7 月 20 日

我的人工影响天气探索与实践

郑国光

我国现代人工影响天气事业已经走过了60年曲折而不平凡的发展道路，几代科学工作者为此付出了艰辛的努力，造就并奠定了我国人工影响天气事业发展的坚实基础。此时此刻，我们深刻缅怀顾震潮、王鹏飞、黄美元、游来光、郭恩铭等已经故去的老一辈人工影响天气科学家，对仍在人工影响天气一线奋斗的老科学家们表示由衷的敬意！对今天人工影响天气事业取得的辉煌成就感到自豪！

从“被动选择”到“执着追求”

我是“文化大革命”后恢复高考进入大学校门的七七级学生，被录取到南京气象学院大气探测专业。临近毕业报考研究生时发现，当时研究生没有大气探测专业，“被动选择”专业比较相近的大气物理专业。正当我拿到录取通知书时，心里却高兴不起来，我被录取为赴墨西哥的出国留学生，国内指导老师是王鹏飞教授。首先是语言问题，墨西哥官方语言是西班牙语，我必须从头学习西班牙语；

其次是学校和导师的选择问题，当时还没有互联网，我只好进城到江苏省图书馆、南京大学图书馆等查阅有关墨西哥大学专业和导师的资料。非常失望，墨西哥只有一所大学设置气象学专业，找不到大气物理专业的指导老师。后来，经学校努力、教育部批准，我被改派加拿大。在联系加拿大多伦多大学 R. List 教授后，获知他当时正在瑞士日内瓦任职世界气象组织副秘书长。经他推荐，我被多伦多大学 R. Steward 博士录取为政府公派硕士研究生，研究方向是冰雹物理学。后来没有成行，师从王鹏飞教授，从事碰冻冰增长的实验研究。当时在李子华副教授等老师的指导和帮助下，克服种种困难，研制出当时国内第一个用于碰冻冰增长实验的风洞装置，研究成果发表在 1985 年的《气象学报》上，还获得中国气象学会首届涂长望青年科技二等奖。当时我在完成自己硕士学位论文的同时，还承担指导本科生毕业论文的任务，指导陈飞、蔡庆梅同学（两人后均留学美国）完成了不同形状冰雹动力学实验研究，取得了当时国内首次该领域使用风洞和外场实验研究成果，获得了南京气象学院科技进步奖。

1984 年 9 月，我获得硕士学位后，带着对人工影响天气事业的追求，赴当时开展人工影响天气科研与业务作业条件和基础比较好的新疆维吾尔自治区人工影响天气办公室工作，走上了我的人工影响天气实践与探索之路。

难忘的第一次人工增雪科学试验

我是当时新疆气象部门唯一的研究生，得到了各方面的关心和重视，也进一步坚定了我的人工影响天气事业心。1984 年 9 月我到新疆维吾尔自治区人工影响天气办公室报到后，接到的第一个富有挑战的任务就是临时主持新疆沿天山冬季人工增雪科学试验。参加试验的有来自中国气象科学研究院游来光、陈万奎等专家团队，吉林省人工影响天气办公室汪学林等专家团队，以及新疆维吾尔自治区人工影响天气办公室全体同志。参加试验的装备包括装有当时最先进的美国进口机载 PMS 粒子测量系统等、两架伊尔 −14 军用飞机（机号是 401、407）、天气雷达、系留探空，6 小时一次加密探测的雪花取样、雪花显微观测，以及 60 多个站点的 20 分钟一次降雪量观测、还有刚从日本进口的先进摄像机等，组织这样的当时国内规模最大、参加的专家层次之高、观测手段最全的人工影响天气外场试验，我当时的压力之大是难以想象的。游来光、陈万奎、施文全、汪学林等专家悉心指导，从设计到实施，从获取资料到分析资料，各个环节精心组织。那时，伊尔 −14 飞机是开放的，高空飞行缺氧寒冷，既要克服缺氧、云中起伏颠簸等，还要在 −40 ～ −30 ℃寒冷环境中记录飞行参数、操作观测仪器，播撒干冰。我那时很年轻，不怕吃苦，也不知劳累，我曾一天上机飞行五六小时。那时地面气温曾下降到 −29 ℃，我在雪地里观测取样两三个小时，还要与大家一起施放气球，一次观测下来累得满身汗。记得 1984 年 12 月 1—2 日那次试验，我从飞机观测、系留气球观测、天气雷达观测、雪花取样显微观测等连续 36 小时没有休息。试验期间，与游来光老师每天一大早一起到民航气象台查看天气，手抄气象数据，手绘剖面图，晚上一起讨论数据处理分析；与机长一起讨论飞行航线，指挥飞行、探测，绘制飞行航迹图等。时任自治区党委副书记李嘉玉、政府副主席王素甫亲临机场看望慰问鼓励我们大家。

我是当时新疆气象部门唯一的研究生，试验间隙，游来光、陈万奎等老师还为我们讲课。近两个月的外场试验，既紧张又活泼，大家在一起相互交流，相互学习，体现了人工影响天气工作者事业追求，忘我工作，团结一致，不计较个人得失等奉献精神，这些至今我仍历历在目，记忆在心。

致力于我国人工影响天气事业发展

1984 年冬天人工增雪科学试验总结，使我深深认识到，人工影响天气从理论到实践、从实验室到外场作业，需要加强科学研究，持之以恒地开展科学探索。

1985 年 5 月，我担任新疆维吾尔自治区人工影响天气办公室研究室副主任，组织全室同志加强理论知识学习、观测数据分析、研究成果讨论，先后申请了国家气象局云物理研究基金项目、国家自然科学基金项目、自治区科委科研项目。组织调研，启动云雾风洞实验室设计，购置新型 C 波段数字化天气雷达，进口先进的 PMS 粒子测量系统，以及机载碘化银播撒系统等，着力提高人工影响天气作业的科学支撑能力，着力减少人工影响天气作业盲目性，提高科学性。1985 年 8 月，赴美国夏威夷参加第四届世界气象组织（WMO）人工影响天气科学会议，以及 IAMAP/IAPSO（国际气象学和大气物理学协会 / 国际海洋物理科学联合会）届会，交流研究成果，也有机会请教叶笃正、曾庆存、伍荣生、朱抱真等许多知名科学家，进一步增强了我在人工影响天气科学探索道路上的信心。

1986 年 5 月，我担任新疆维吾尔自治区气象科学研究所副所长，走上管理岗位，但我在人工影响天气科学探索上并没有放弃，在人工防雹理论研究和外场观测验证、同位素分析在气象学中的应用、降雨（雪）电镜分析和化学分析在人工影响天气作业效果评价中应用等方面组织科研，取得了许多研究成果，在学术杂志上发表了 20 多篇论文。

1990 年 2 月，国家气象局安排我作为公派访问学者赴加拿大多伦多大学，师从著名人工影响天气科学家 R. List 教授，从事冰雹物理学研究。同年 9 月，经国家气象局批准，我正式成为多伦多大学大气物理专业博士研究生，在 R. List 教授指导下从事冰雹增长风洞实验研究。1994 年 7 月，完成了《冰雹增长热量和质量传输实验研究》博士论文，获得博士学位。后又在 R. List 教授指导下，继续从事冰雹物理学和人工影响天气科学领域博士后研究。

1995 年 11 月底，我学成回国后，中国气象局安排我到总体规划研究设计室工作，尽管没能在国内科研院校专心从事人工影响天气科研工作，但对人工影响天气科学探索上仍孜孜不倦努力。1996 年 12 月，我被评为研究员后，又先后在南京信息工程大学、中国气象科学研究院、中国科学院研究生院、北京大学等担任兼职教授，承担人工影响天气领域的讲课、科研、培养研究生等学术工作，还主持国家科技攻关科研项目，国家自然科学基金项目、重点项目，教育部留学基金项目人工影响天气方面的科研课题。

1999 年 7 月，我担任中国气象局副局长，曾分管全国人工影响天气工作，着力从法规、科学等层面推进人工影响天气科学发展，2007 年 3 月，我担任中国气象局局长和全国人工影响天气协调会议召集人，组织召开了全国人工影响天气会议，推动国家人工影响天气工程立项、全国人工影响天气基地建设、人工影响天气科学研究和队伍建设，成立了中国气象局人工影响天气中心，推进人工影响天气规范化管理、信息化建设、技术装备研发等，并在抗旱、扑灭森林火灾、多项国家和地区重大活动保障中发挥了重要作用。

2016 年年底，我离开气象部门，但仍心系人工影响天气事业发展。今年正逢我国现代人工影响天气 60 周年，写下此文，缅怀老一辈人工影响天气科学家，回忆自己在人工影响天气领域中的科学探索与实践，以期待我国人工影响天气在新时代有更大的发展，造福国家，造福人民!

节选自《气象知识》，2018 年第 6 期

青藏高原不仅仅是亚洲的『水塔』

徐祥德

青藏高原占中国面积的 1/4，其总辐射量是世界上最大的地区，并由此形成了一个“嵌入”对流层中部大气的巨大热源，可以伸展到自由大气中，超越了世界上任何超级城市群落所产生的中空热岛效应，对全球与区域大气环流系统变化的动力“驱动”产生了难以估计的影响。隆升的高原地形和强大的表面辐射加热形成了局地上升对流和高耸对流层中部的中空“热源柱”，这种“热力驱动”下青藏高原高、低层互为反环流且类似台风的“自激反馈”机制为“亚洲水塔”水汽“汇流”与抽吸提供了动力。“亚洲水塔”热源驱动机制有助于世界屋脊大气“热岛”“湿岛”的形成和维持，促使暖湿气流从低纬海洋向高原输送、汇聚。

中国区域低云量、总云量极值区均与青藏高原大江大河的源头（长江、澜沧江、雅鲁藏布江等）、中东部冰川集中区空间分布几乎吻合，这表明“亚洲水塔”形成的关键因素与世界屋脊特有的云降水结构不可分割。此外，青藏高原对流活动与全球大气云降水活动亦存在显著关联。

从跨赤道经向环流的视角可发现，夏季南北半球跨赤道气流低层强偏南、高层强偏北气流出现的赤道经度恰与东亚地区和北美区域两大地形（青藏高原、落基山）对应。青藏高原纬向与经向环流圈结构与区域－全球大气环流相关机制，印证了“世界屋脊”隆起大地形的“热驱动”及其对流活动在全球能量和水分循环中的作用。高原特殊跨半球的纬向和经向大气垂直环流图表明青藏高原大气动力过程对全球尺度大气环流变化贡献显著。

从全球水循环的视角来看，低纬热带海洋是“亚洲水塔”大气水分循环的重要水汽源区，水汽源区可跨越赤道追踪到南半球。在热力驱动下，高原大气通过全球尺度水分循环可维持一个持续“供水源”与“存储水”的水循环系统。从这个意义上说，青藏高原可能起到了全球性大气“水塔”的作用。世界屋脊上星罗棋布的冰川、积雪和湖泊作为“蓄水池”系统，储存着大量水资源，可起到“水塔存储池”作用；河流水网与江河源可作为“输水管道”，将“亚洲水塔”的水向外输送出去，并通过高原高层大气中水分输送的渠道影响整个世界的水环境。青藏高原特殊的跨区域、跨半球大气水分循环可构建起“世界水塔”独特的大气－水文功能体系，其综合描绘了青藏高原“世界水塔”及其地球上一个完整的行星尺度陆地—海洋—大气水循环物理图像。

选自《中国气象报》，2019 年 12 月 27 日

100

从混沌效应到预测未来

丁一汇

地球的大气环流系统庞大而复杂，充满了多种不同时间和空间尺度的变化，形成了人类感知并预测不同天气与气候现象，而这些变化也伴随着诸多不确定性。这就是现在时常被提起的“混沌效应”。“混沌效应”起源于 1903 年前后法国数学家邦加莱的发现，但它的实际应用则得益于气象学的研究。

随着现代气象科技的发展，人类逐渐摸索到大气演变与变化的奥秘，并有一定能力处理大气的混沌问题。其中，一个关键的问题是改进初始观测场。航天技术的发展使人造卫星服务于气象，通过运行在极地轨道和地球同步轨道上的气象卫星，人类可以不间断地跟踪地球大气的风云变幻，对天气现象进行连续记录和观测，并配合全球地面和大气的观测数据准确地获知全球气象、水文和环境数据。同时，通过大数据应用和多样本、多模式集合方法，可制作更可靠的气象与水文预报，使我们可以更为精确地得到降雨与水资源的分布规律和未来变化，继而规划种种水利工程。从简单的拦河筑坝到“南水北调”那样全国性的跨流域调水项目，“治水”因有气象学的助力而更加有效和可靠。到2022年以后，中国即将建成的地球系统数值模拟器，将可以如“CT”扫描一般更精准地“照出”地球各圈层运作和变化的情形。

另一方面，气象学知识的普及正引起人们对天气与气候演变的巨大关注。比如，大家关注“南涝北旱”的季风雨带分布，可能让许多人联想到中国全境正在走向干旱化。然而，气象学家根据长期的资料与证据，研究发现中国的降水分布实际上有着周期性的变化规律，同时还有趋势性的演变。前者一般被认为是自然因子的影响，后者则与全球气候变暖造成的全球水循环变化有关。例如，每隔大约40年，长江和华南地区便会迎来一个雨水丰沛的时期。在呈现周期性降水变化的同时，也可以观测到副热带地区降水呈现下降趋势，而中高纬地区降水呈增加趋势，这是因为全球气候变暖，使全球降水带发生“干者愈干，湿者愈湿”变化的结果。对于中国这样一个农业大国来说，对未来旱涝情况的认识与预测，肯定会为农业生产提供珍贵的指引。

节选自《知识就是力量》，2020年第3期

行星冰冻圈——地球之外的冰雪世界

胡永云　杨军　魏强

在现代气候条件下，地球冰冻圈主要存在于高纬度、高海拔和大气对流层的中层至中间层。但在地球 46 亿年的历史中，地球气候经历了剧烈的冷暖变化，因此，地球冰冻圈的范围也在不断波动。在暖期，地球的两极甚至没有冰盖；而在极端寒冷期，冰冻圈推进到赤道附近，地球甚至进入了全冰封的状态。

如果我们把视野放大到整个太阳系，各行星的冰冻圈所展示的丰富多样性远超出了我们基于地球所形成的冰冻圈认识。由于各行星和卫星的表面气压、温度与地球存在巨大的差异，它们的冰冻圈与地球冰冻圈有着很大的不同。

行星冰冻圈的研究对于理解和寻找生命起源，以及研究地球和其他行星的气候演变有着重要价值，也有潜力为未来行星探测器乃至星际定居点提供重要的能量和物质来源。

今天，人类已在太阳系外，发现了 4000 多颗行星，其中 10 ～ 20 颗有可能是适宜类地生命存在的宜居星球。这些系外宜居行星大多是潮汐锁相行星——有一面永远朝向其恒星，而另一面永远背向恒星。可以想象，这些行星背阳面的冰冻圈与地球冰冻圈应该有着很大的差异。

在本文中，我们首先简要介绍地球历史上的主要冰河期，然后介绍太阳系行星冰冻圈，最后介绍太阳系外宜居行星的冰冻圈。

两次“冰雪地球”事件

回顾地球46亿年的历史，气候的总体趋势是不断变冷的。自地球形成到距今25亿年前，除去大约距今30亿年前可能存在一段较短的寒冷期外，在大约20亿年的历史中，地球上基本没有冰河期存在；并且，这段时间内地球两极地区很可能也没有冰盖，地球冰冻圈很可能仅存在于大气层，也就是冰晶云。早期地球的平均表面温度也比现在高得多，氧、硅同位素等其他地质证据也支持这一结论。

距今25亿年以来，地球上出现过5次大的冰河期，其中2次为全球性的，分别发生在距今23亿年前的古元古代和距今8亿～6亿年前的新元古代。当这两次冰河期达到巅峰时，全球平均温度降低到 -50 ℃或更低，陆地被冰川所覆盖，海冰厚度达一两千米，并且延伸到赤道地区，甚至赤道地区的海洋也被冰封，地球冰冻圈范围扩展到最大。这两次全球性的冰河期也被称为“冰雪地球”事件。

当全球海洋被冰封之后，水循环基本被切断，地球上因此就不会再产生降雪，而最初的积雪逐渐形成冰；此时，地球实际上是被冰所覆盖的，因此称为“冰球”更合适一些。

古元古代冰河期也被称为休伦冰河期，有可能是地球历史上持续时间最长的冰河期。关于古元古代“冰雪地球”的形成，一般认为与大气中甲烷的氧化有关。那时，地球大气中的氧气含量开始不断累积和升高；氧化反应使得大气中甲烷浓度降低，温室效应减弱；继而导致地球变冷，从而诱发了古元古代“冰雪地球”的形成。

新元古代“冰雪地球”事件，包括了3～4次大规模冰川的形成和融化过程，其中至少有两次冰川事件是全球性的。新元古代“冰雪地球”的形成和融化与大气中二氧化碳浓度的变化有关，是一个典型的碳酸盐 - 硅酸盐循环气候负反馈机制的结果。

次全球性冰川的融化则都是由于二氧化碳浓度升高所导致的温室效应变强造成的。

这两次“冰雪地球”事件对传统认识上的地球深时（Deep-time，通常指人类出现之前的历史时期）古气候变化和生命演化理论是一个极大的挑战。迄今，地学界关于这两次全球性冰川事件还存在广泛的争论。争论的要点为全球海洋究竟是完全被冰封，还是热带地区的海洋仍保留有开放的海域。

虽然所有的证据都表明，在元古代的早期和晚期确实出现过地球历史上最为严重的冰河期，但这些证据还不能充分证明地球在这两个时期被完全冰封过。就现有的证据而言，热带地区保留有开放的洋面似乎更合理一些。如果地球确实被完全冰封数百万年，原始生命如何延续将是一个很难回答的问题。

太阳系行星冰冻圈

行星冰冻圈不仅包含水冰的冰冻圈，其他易挥发的大气成分的凝固也是行星冰冻圈的一部分。例如，在火星的极低温下，二氧化碳能够形成干冰并沉降；在冥王星上，氮气可以被冻成氮冰。在太阳系外围的极低温条件下，矮行星和卫星的水冰物理性质则与地球上的水冰完全不同。

太阳系雪线

相对于太阳系其他行星和卫星的冰冻圈而言，地球冰冻圈仅是冰山一角。与高海拔的山峰具有雪线一样，太阳系也有一条雪线，距离太阳大约 2.7 个天文单位，位于火星和木星之间。

在太阳系雪线之内有 4 颗固态行星：水星、金星、地球和火星。这 4 颗固态行星在太阳系形成之初就是贫水的，因此它们的冰冻圈范围普遍较小。水星由于质量太小而无法维持显著的大气层，月球也如此，二者表面受太阳直射的部分都不可能有水冰存在，因为在阳光照射下，冰将很快升华并逃逸到太空。关于水星和月球两极陨石坑内永久阴影区中是否存在水冰的争论，持续了整个 20 世纪。直到最近几年，“信使”号探测器和“嫦娥”系列探月卫星为我们提供了越来越多的证据，显示水星和月球极区陨石坑内的永久阴影区中，存在有少量的水冰。金星由于其大气温室效应太强，近地面气温接近 500 ℃，因此地表不可能存在水或者冰。

在太阳系雪线之外是 4 颗气态行星：木星、土星、海王星和天王星。在太阳系雪线的内侧，水冰不可能在太阳直射下永久存在，很容易挥发成为水汽；而在太阳系雪线外围，星体温度已经非常低。根据克劳修斯 - 克拉珀龙方程（描述蒸汽压与温度关系的方程），这些行星上的水冰可以永久存在，并在地质时间尺度上保持稳定状态。

太阳系雪线之外还有大量矮行星、小行星和固态卫星，它们都包含大量水冰。其实，一些卫星的壳层就主要是由水冰组成的，通常被称为冰卫星。观测表明，多个冰卫星还拥有丰富的地质活动，如冰壳裂解、下层水汽物质向外喷发等，这些极大地拓展了太阳系冰冻圈的外延。因此，就整个太阳系来说，冰冻圈的概念是丰富多彩的。

火星冰冻圈

火星曾是人类寻找液态水的首选。火星全球平均温度低于 -60 ℃，其极区冬季温度更是低于 -150 ℃。尽管一些地貌特征和沉积物显示，火星在30亿年前可能存在丰富的液态水甚至海洋，但现在，火星中低纬度地区表面没有发现水冰，这一地区的次表层是否存在冻土或水冰还不太清楚。火星南、北两极的冰帽是火星冰冻圈的主体。

火星北极冰帽较大，整个冰帽的体积与地球上格陵兰冰盖的体积接近；南极冰帽较小，冰盖厚度与北极冰帽相当。火星两极冰帽都由水冰和干冰组成，均存在季节性变化，相对来讲北极冰帽水冰较多，而南极冰帽则以干冰为主。

谷神星冰冻圈

谷神星是位于小行星带的最大星体，属于矮行星范畴，距离太阳 2.8 个天文单位，介于火星和木星之间。现有的研究和探测表明，谷神星约 40 千米厚度的壳层中，含有至少 40% 的水冰，剩下的是岩石成分。

2015 年，美国航空航天局（NASA）的“黎明”号探测器表明，谷神星表面为水冰、盐和水合矿物的混合物。另外，在谷神星上还发现了冰火山，就是水冰从壳层下面喷发出来形成的冰山。

除了谷神星，小行星带内的许多小星体也主要由水冰组成。一些研究认为，地球的相当一部分水分是在晚期大轰击时期（距今 42 亿～ 38 亿年前），由小行星带富含水的星体撞击地球带来的。因此，研究行星冰冻圈对我们理解地球水的来源和生命演化极为重要。

冰卫星

木星和土星都是气态巨行星，拥有诸多卫星，而这些卫星中许多是由水冰组成的；此外，土星美丽的光环也主要由水冰颗粒组成。

水冰覆盖了木卫二、木卫三和木卫四的表面并成为它们的壳层。与由岩石物质构成的地球壳层完全不同，这种壳层之下很可能存在液态海洋。据观测发现，木卫二的水冰壳层下可能存在一个较深厚的海洋；重力场测量表明，木卫二外圈冰层和地下海洋的总深度可能有 100 ～ 200 千米。液态水是生命存在的首要条件，木卫二因此受到了最广泛的关注。

土星的冰卫星有类似情况。如土卫二，由约 60% 的岩石和 40% 的水冰构成，其水冰壳层下可能存在一个全球性的海洋。土卫二上还有令我们始料未及的强烈地质活动：年轻的南极冰壳层上有 4 条平行裂纹，不断喷发出超音速冰粒、水蒸气和其他气体，高度可达几百千米。其喷发物大部分落回土卫二表面，小部分物质则在土星引力作用下飞入太空，成为壮观的土星环的一部分。

地球生命所必需的三大条件：生命所需的元素、液态水和化学能来源，前两者几乎都能在土卫二上找到。这使土卫二成为天体生物学研究，特别是寻找生命起源的一个重要目标。

土卫六又称“泰坦”，是太阳系中唯一拥有浓密大气的卫星，也是目前已知的地球之外唯一的、表面有大面积稳定液体存在的行星。“卡西尼”号飞船通过雷达发现，土卫六上有众多甲烷湖泊，而甲烷之于土卫六就好比水之于地球。

冥王星

太阳系外侧的柯伊伯带上有众多小星体，这些小星体主要由水冰组成。冥王星是其中最大的一个，属矮行星范畴，其壳层主要由水冰构成。冥王星表面温度约为 −200 ℃，在如此低的温度条件下，氮、甲烷和一氧化碳等易挥发物质都以固态冰的形式存在。

“新视野”号探测器在飞越冥王星时拍摄的照片显示，冥王星上有一个心形平原，该平原是一个覆盖着数千米厚的易挥发冰层的盆地，四周都是水冰形成的冰山，高 2 ～ 3 千米，还发现了冰火山的活动痕迹。

太阳系外行星冰冻圈

1995 年，第一颗围绕类太阳恒星公转的太阳系外行星被确认。这是一个划时代的事件，其两位发现者获得了 2019 年的诺贝尔物理学奖。1995 年之后，每年累计确认的系外行星数目呈指数增长，目前已经确认了 4000 多颗。其中，有 10 ～ 20 颗可能是宜居行星。

一颗行星是否宜居取决于诸多条件，如地表水、恒星辐射、行星轨道、大气成分、臭氧层、板块构造、磁场等，但液态水是生命存在的首要条件。行星的地表是否能够长期维持液态水的存在，主要取决于地表温度。如果一颗行星上的水常年都以固态形式存在，完全被冻结，那么这类行星肯定是不宜居的。

在系外行星中，最有可能出现冰冻圈的是围绕着红矮星公转的行星。

红矮星质量较小，只有太阳质量的 7.5% ～ 60%，其辐射温度较低，在 2000 ～ 3500 ℃。相对而言，太阳的表面温度是约为 5500 ℃。因为红矮星的质量较小，其核聚变反应速率比太阳的慢很多，寿命也比类太阳恒星要长很多，所以银河系中 80% 以上的恒星是红矮星，而类太阳恒星或质量更大的恒星数量很少。

目前已发现的大部分系外行星，是围绕着红矮星公转的。因为红矮星的辐射强度比太阳小很多，所以其周围的宜居行星与母星距离较近，受到恒星的潮汐力很大，形成潮汐锁相。

这些宜居行星的一面永远拥有阳光，另一面永远处于黑暗之中。月球就是被地球锁相，因此，我们始终只能看到月球的一面，而无法看到月球的另一面。

潮汐锁相行星的大气环流与地球相比非常不同。这种大气环流可以将水汽和热空气从向阳面输送到背阳面，同时将冷空气从背阳面输送到向阳面。背阳面因为永远接收不到恒星辐射，温度很低，海洋有可能被冻结，水汽凝结成冰雪，沉降到地表，形成冰盖。因此，潮汐锁相行星的背阳面是冰冻圈的发育区。

如果这种行星上的水分较少，就很容易被冻结在背阳面，那么此类行星是不宜居的；如果行星上的水分足够多，即使部分水分被冻结在背阳面，但朝阳面仍将保留海洋，星球就是宜居的。

结语

实际上，任何一种物质的相态都是一种温度和压力的函数，其中任何一个或两个条件的改变，都可以产生相态变化。

在高温高压下，水会变成一种超级流体；在低温低压下，水凝结成冰坚硬无比，可以是星体的壳层。另一个例子是，在我们通常的概念中，氢是一种气体，但在高压下，氢具有金属的特征，甚至可以导电。人们甚至认为，在木星的深部，由于大气压力非常大，那里的氢就具有金属属性。

地球冰冻圈的演化历史对我们理解地球水分的来源有重要意义。地球的水分是其形成之初就具有的，还是后期小行星带中的星体撞击地球带来的？目前我们还没有答案。未来的小行星探测，尤其是对氢同位素的测量有可能回答这一基础问题。

未来的深空探测，也将包括对行星冰冻圈的探测。

在过去的 20 年，飞往土星系统的“卡西尼 – 惠更斯”号探测器和木星系统的“伽利略”号探测器为我们提供了许多关于冰卫星的观测数据。“信使”号探测器对水星的观测，“新视野”号探测器对冥王星及其卫星的观测，“黎明”号探测器对谷神星的观测，以及“罗塞塔”号探测器对“菲莱”彗星的探测，都为研究太阳系冰冻圈提供了宝贵数据。我国的“嫦娥”系列探月卫星对月球的探测，也极大地丰富了我们对月球冰冻圈的认识。目前，正在木星轨道的“朱诺”号探测器和将在未来 10 年内发射的“欧罗巴快船”（Europa Clipper）和“木星冰月探测器”（JUICE）将对木星的卫星进行更多维度的密集观测，有望确定木星卫星冰层的厚度、成分和流变性质，并对冰壳层下是否存在液态海洋进行更准确的估计。

目前，人类所发现的可能宜居行星绝大多数是潮汐锁相行星，其背阳面冰冻圈发育的强弱直接影响到朝阳面是否有液态水存在，也影响到这些行星的宜居性。下一代太空望远镜也将观测宜居行星的冰冻圈，我们期待着更多激动人心的科学发现的到来。

选自《飞碟探索》，2020 年第 10 期

100

海涛中的气候密码

张人禾

英国著名作家、探险家、记者西蒙·温彻斯特，在他的代表作《大西洋的故事》里用颇具诗意的语言，讲述了人类先民在大西洋岸边定居的开场。处于石器时代的原始人类在一处海边的悬崖，意外地发现了退潮之后困在礁石之间水坑里的动物。它们不仅可以食用，而且像有魔法加持一般，每天都能得到补充。于是，美味可口又容易得到的食物，让一些人选择了在海边扎根。他们建立起文明，对海洋方方面面的探索与研究也由此起步。

此时的人类或许不会想到，海洋不仅提供了食物和通向远方的航路，适合他们生活的环境也同样与海洋的馈赠有关。遍及全球且无时无刻不在发生着的水循环，不仅是相当一部分天气现象的基石，也成为决定各地气候与生态格局的重要影响因素。随风而行的海洋湿气，与风和高山深谷以及海陆分布的共同作用，塑造了世界各地不同的风貌——哪里会成为宜居的城市，哪里会产出丰富的良田，哪里又会成为牛羊遍地的牧场，或是人迹罕至的荒漠。

尽管经过一代代气象科学家的持续探索，已经大体揭示了各种常见气候主要的成因，但想要通过人工手段彻底改变某个区域的气候，却往往困难重重。中国演员葛优在他主演的喜剧电影《不见不散》里，提出将喜马拉雅山脉炸开一个口子，使印度洋的暖湿空气能够流入，改变中国西部一些区域的生态环境。这个桥段在现实生活中有其原型，而且已经被证实考虑欠周。这是因为，即使人们真的能完成炸开山脉的伟业，流入的暖湿空气也只有可能改变沿途一小部分地区的环境，而大范围的环境难以改变。或者说，如果想要完成这项构想，人们需要大幅改变海陆分布格局。这不仅难以实现，而且很可能会对当地乃至全球的生态造成难以预料的影响。

即使对于突发性的灾害天气，比如台风、飓风等热带气旋，目前人类掌握的现代科技也难以对它们施加决定性的改变。相比于大自然的伟力，人类能够控制和调动的力量其实相当渺小；更何况，这些天气的成因，很可能远比气象学家原先认为的更加复杂。对热带气旋施加人工干预，难以带来预期的效果。而这些失败也提醒着人们，地球天气、气候运转与变化的机制，还有诸多未知的"黑箱"。

比如说厄尔尼诺现象与拉尼娜现象在近年来成为热词，因为它们会导致一系列灾害性的天气和气候异常。这两类现象的成因，都与海洋洋流和海气相互作用的剧烈变化有关。可是，导致洋流和海气相互作用剧变的源头，许多还隐藏在迷雾之中。太阳活动则会在不经意间成为气候变动隐藏的推手，它极为微小的长期变化，放到地球上也会激起一场气候的剧变，比如持续数百年之久的小冰期。

在又一个"世界气象日"到来之际，我们将聚焦海洋对地球天气和气候的影响。人类赖以生存的这颗蔚蓝的星球，是大自然的馈赠；而人类文明的存续，更在于不懈探索雨雪风霜奥秘的同时抱有敬畏的初心。

选自《知识就是力量》，2021 年第 3 期